AF390999

NOTES

DE CHASSE

ET

DE BRACONNAGE

8° S
3069

BRIEY. — IMPRIMERIE E. BRANCHARD

NOTES

DE CHASSE

ET

DE BRACONNAGE

Région de l'Est

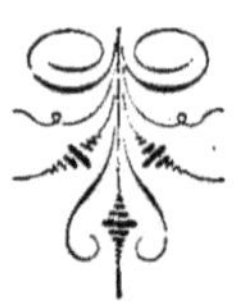

PAR UN AMATEUR

BRIEY

E. BRANCHARD, IMPRIMEUR-LIBRAIRE-ÉDITEUR

1882

Les quelques pages que nous offrons au public sont véritablement l'œuvre du hasard. Dans la petite ville que nous habitions, nous avons rencontré sous l'habit de l'homme des champs un habile observateur, qui, dès sa plus tendre enfance, étudia les mœurs et les allures du gibier. Fils de braconnier, braconnier lui-même pendant de longues années, doué d'une intelligence supérieure à sa situation et d'une intuition exceptionnelle pour le métier illicite auquel il s'adonnait autrefois, il voulut bien nous initier aux mystères de cette profession ténébreuse et aux moyens dont elle réclame l'emploi.

1

Nous les livrons aux amateurs de chasse, aux gardes-particuliers des grands domaines, aux agents forestiers, sans avoir toutefois l'espérance que ces derniers ouvriront les yeux sur un mal auquel ils ont laissé atteindre son but, la destruction totale du gibier.

Pourvu qu'en consignant dans les quelques lignes qui vont suivre les observations de notre érudit braconnier et les nôtres, nous ayions été utile, ne serait-ce qu'à petite dose, à la corporation de St-Hubert, dont nous nous honorons de faire partie depuis 30 ans!

Ce 31 Juillet 1881.

GIBIER DE PLAINE

Le gibier qu'on trouve dans les plaines de l'Est, dans celles surtout qui avoisinent Metz, Nancy et Epinal, est peu nombreux et peu varié. La nomenclature en sera terminée, lorsque nous aurons cité la Perdrix, la Caille, le Râle, l'Alouette et le Lièvre.

LA PERDRIX

La plaine est la demeure presque exclusive de la *Perdrix*. Celle indigène ou *Perdrix grise* n'a que deux variétés : La *Gambra* et la *Sterne*, encore ne diffèrent-elles que par la taille, le plumage étant le même.

Aussitôt que les rigueurs de l'hiver ont fait place à une température plus clémente, ordinairement en février, la Perdrix s'accouple. Le mâle, qui se reconnait à l'éperon ou onglet qu'il porte aux deux pattes de derrière, recherche sa compagne à l'aide de ce cri strident dont se sert la chanterelle (1) pour réunir autour d'elle sa

---

(1) On nomme *Coq* ou *Bourdon* la Perdrix mâle, et *Chanterelle* la Perdrix femelle, lorsque tous deux sont les guides d'une couvée ou d'une compagnie. On les distingue de cette couvée ou de cette compagnie par le fer-à-cheval qui est dessiné sur le plumage gris de leur ventre.

couvée dispersée. Après que la femelle a répondu à cet appel, l'accouplement commence, et avec lui la saison des amours. Elle finit dans la première quinzaine de mai. C'est dans cet intervalle qu'on voit souvent cet oiseau si gracieux traverser avec sa compagne les chemins bordant les plaines, et marcher avec cette rapidité qui est le secret de son élégance ; parfois même, tous deux prennent plaisir à se rouler dans la poussière de ces chemins, rappelant ainsi l'une des joies de nos poules domestiques et de leurs congénères sauvages, les Gélinottes.

Au commencement de mai, le moment de la ponte étant proche, la Perdrix fait son nid dans les broussailles de la plaine, dans les taillis l'avoisinant s'ils sont pourvus de grandes herbes, et surtout dans les luzernes. Ce nid fait avec peu de préparation, la Perdrix y dépose de 12 à 20 œufs, et les couve de 18 à 21 jours. La chaleur, née de l'incubation, les fait éclore, et c'est à ce moment qu'on voit ces gentilles petites bêtes courir en quittant leur prison blanche, quelquefois même avec une partie de la coquille sur le dos. La mère les mène chaque jour à des fourmillières, et avec ses pattes elle écarte la terre qui couvre les retraites des fourmis jusqu'au moment où elle met à nu le cellier où sont cachés leurs œufs. C'est que, jusqu'au jour où le bec de la couvée sera assez fort pour vivre de la vie des grands, l'œuf de fourmi sera sa nourriture.

Si la première couvée réussit, elle sera la seule, et, en septembre, elle aura déjà le vol aussi rapide que celui de ses auteurs ; elle n'atteindra cependant son entier développement qu'en décembre, et il est facile de le remarquer grâce au fer à cheval d'un rouge brun parfaitement dessiné sur les plumes grises du ventre. Si, au contraire, les œufs sont rendus inféconds par des pluies trop fréquentes ; si ces œufs sont la proie du maraudeur ; si le faucheur, en abattant la retraite choisie par la mère, force celle-ci à abandonner son nid, l'accouplement recommence, et des accidents qui avancent ou retardent la destruction de la première ponte dépend la naissance de la deuxième couvée. C'est pour ce motif que souvent en septembre les chasseurs trouvent des compagnies qui peuvent à peine voler, qu'en langage cynégétique on dénomme *Pouilleux*, et même des compagnies écloses seulement depuis quelques jours. Nous avons pu observer le fait suivant en septembre 1879 : Au bord d'une route, notre chien d'arrêt quêtait dans une luzernière entourée de vignes. Nous étant approché, nous avons vu partir à quelques pas devant lui une perdrix qui ne se laissa pas arrêter. Elle tomba dans une vigne au premier coup de notre arme et, en allant la ramasser, nous fûmes environné d'une nuée de petits perdreaux qui se levèrent de terre et y retombèrent aussitôt. Nous avions tué la mère, et les enfants avaient à peine quinze jours ! Nous prîmes un de ces pauvres orphelins, et nous cherchâmes à le faire vivre, sans toutefois le nourrir avec des œufs de fourmis. Trois jours après il n'était plus, et ses frères et sœurs eurent assurément le même sort. Cette petite famille était le produit d'une deuxième couvée.

La Perdrix choisit de préférence les hauteurs et les revers, surtout les hauteurs et les revers avoisinant les forêts et les vignes. On dirait que son instinct lui commande d'être à proximité d'une retraite sûre pour échapper plus vite au danger. Lorsque les blés et les avoines sont abattus, la Perdrix se réfugie avec sa couvée dans les trèfles, les luzernes, les pommes de terre et les plantes sarclées, parfois aussi dans les regains, mais seulement par les temps de grande sécheresse ; souvent dans les vignes, qui sont encore son meilleur abri. Quand la pluie et la neige viennent en congélant la terre la rendre inhabitable, la Perdrix fréquente les haies et les broussailles, et se tient volontiers dans les taillis qui sont à la lisière des bois. Lorsque la plaine a disparu sous la neige, elle recherche les petits cours d'eau et les sources, ceux-ci se congélant rarement et ayant leurs bords toujours abondamment pourvus d'herbes.

Outre la Perdrix indigène, la région de l'Est voit encore quelquefois dans ses sillons la *Perdrix rouge*, volatile d'un brillant plumage, mais d'un abord presque impossible. La Perdrix rouge, qui est un oiseau de passage, se rencontre non plus en compagnies, mais en bandes nombreuses ; à l'ouverture de 1858, nous en avons trouvé plusieurs centaines réunies dans les plaines de la Moselle. Sans se laisser arrêter, elles se sont levées à 200 mètres de nous pour se jeter au bois.

La *Perdrix-Caille* ou *Perdrix rochassière* quitte parfois aussi son lieu d'origine qui est la chaîne des Vosges, lorsque les rochers qu'elle habite sont recouverts d'une neige trop abondante. De là sans doute son nom de Rochassière. A cette époque de l'année elle descend dans la plaine. C'est vers 1830, que les premières ont été prises aux lacets dans les environs de Dompaire. Par son plumage, elle se rapproche de la perdrix indigène, et de la caille par sa grosseur et l'excellence de sa chair.

Le braconnier n'a à sa disposition qu'un engin pour prendre la perdrix, le lacet de crins. Il le tend de juin en août dans les lignes séparatives des parcelles ensemencées, d'août en novembre dans les haies et surtout dans les taillis de deux à trois ans, pendant les fortes gelées dans les herbes qui croissent autour des sources. En plaine, le lacet n'est visible que pour l'œil exercé ; il n'en est pas de même dans le taillis. Pour l'y placer, il demande la préparation suivante : à quelques mètres de la rive on ouvre un sentier de cinquante centimètres de largeur, qu'on nettoie complètement en coupant les petites branches et en ne laissant sur le sol aucune trace d'herbe. Ce sentier, qui court en serpentant, est barré à la naissance de chaque courbe par de petits brins de bois croisés et enfoncés dans le sol. Au centre de ce barrage on suspend à quelques centimètres du sol un crin ayant la forme sphérique. La Perdrix, en parcourant le sentier, n'a d'autre ouverture que l'intervalle libre laissé par le crin. Elle s'y engage ; mais, pour y passer entièrement, elle a besoin d'efforts qui agissent en sens inverse, et qui, au lieu d'augmenter l'ouverture qu'elle a devant elle, l'amoindrissent, et, en la serrant, l'asphyxient.

La Perdrix, qui d'après le dicton suivant : *A la Saint-Remy, les Perdreaux deviennent Perdrix*, ne devrait porter ce nom qu'à partir du 2 Octobre, est granivore, herbivore et insectivore.

LA CAILLE

Il y a deux espèces de Cailles, celle qui émigre et celle qui passe. La première nous arrive au commencement de mai et cherche aussitôt à s'accoupler. L'appairement est annoncé aux travailleurs des champs par ce cri que tous connaissent et qui a fait baptiser cet oiseau du surnom de *coicolotte*. Les premiers cris de la Caille sont pour elle le point de départ de la saison des amours et le moment de la construction de la demeure de sa future famille. Le nid, du reste, n'est pas une œuvre d'art : il est formé de quelques fétus de paille enchevétrés qui reposent sur la terre, principalement dans les luzernes. La femelle y dépose de sept à treize œufs. Après son incubation qui dure autant que celle de la Perdrix, les Cailleteaux brisent leur coquille, et, à l'imitation des petits Perdreaux, ils courent aussitôt, emportant souvent sur leur dos une partie de leur ancienne prison.

Comme la Perdrix, la Caille ne fait qu'une ponte si la première réussit ; si les œufs de fin de mai ou de commencement de juin sont inféconds ou détruits par les causes indiquées plus haut, il y a nouvel accouplement et nouvelle ponte. Ainsi s'explique la présence dans la plaine de ces petits Cailleteaux qu'on rencontre en septembre à peu de distance de coquilles d'œufs brisées.

La Caille nourrit sa couvée de fétus d'herbe et de graines qu'elle décortique et concasse ; elle choisit pour retraite les luzernes et les trèfles ; et, lorsque la couvée est assez grande pour pourvoir elle-même à ses besoins, elle se disperse et vit isolément. Ce moment venu, elle s'abrite de préférence dans les avoines non abattues, et plus tard dans les chaumes du blé, ceux surtout où existent des mûres sauvages, des chardons ou de jeunes prairies artificielles. C'est là que le chasseur doit la chercher, à quelques mètres de la ligne séparative et du côté du couchant. Parfois aussi, il la trouve lors des grandes sécheresses dans les pommes de terre où elle semble vouloir s'abriter des ardeurs du soleil.

La Caille, dont le plumage est charmant et qui est si gracieuse lorsqu'elle court dans le sillon pour éviter le chien d'arrêt qui la guette, quitte la région de l'Est du 1er au 20 septembre. Elle

avance ou retarde son départ pour l'Espagne,
l'Italie ou l'Afrique, selon que la température se
maintient chaude ou annonce prématurément les
brises froides de l'automne. Ce départ est quelquefois aussi retardé par une jeune famille trop
faible encore pour entreprendre un voyage de si
longue haleine.

L'arrière-garde de la Caille qui émigre habite
encore nos plateaux lorsqu'arrivent les premières
Cailles de passage. Celles-ci se distinguent de
leurs congénères par une taille plus forte, un
plumage à couleurs plus vives et un jabot d'un
rouge pâle : leur vol est plus près de terre, et
habituellement on les rencontre deux dans la
même retraite, comme si l'accouplement recom-
mençait avec le départ. Malgré la distance déjà
parcourue, les Cailles de passage sont plus
grasses encore que celles indigènes ; de là sans
doute la cause du peu d'élévation de leur vol
lorsqu'elles se dérobent à l'arrêt du chien ; c'est
en tous cas un moyen qui leur est fourni par la
nature pour éviter le plomb du chasseur, car
l'œil les confond souvent avec la teinte générale
du sillon d'où elles s'élèvent.

Les Cailles de passage, qui commencent à
arriver le 15 septembre, disparaissent vers le
1er octobre. On en retrouve, il est vrai, quelques-
unes après cette date, et nous savons qu'en 1878

on en a tué dans les derniers jours d'octobre et les premiers jours de novembre sur les revers de Vaudémont ; nous savons également qu'en 1871 on a trouvé en février et par la neige deux cailles abritées sous des fétus d'avoine non récoltés sur le plateau séparant Dompaire du village des Ableuvenettes. Mais ce sont là des faits isolés qui ne sauraient modifier ce que nous avons dit plus haut.

Comme la Perdrix, la Caille est granivore et herbivore. Et cependant ces deux volatiles diffèrent sensiblement : La Perdrix a une chair sèche, drue et très-recherchée des gourmets pour son goût odorant et prononcé ; celle de la Caille est, au contraire, très-grasse, très-savoureuse, mais elle a moins de fumet. Comme la Perdrix encore, la Caille est insectivore, mais seulement lorsqu'elle a sa couvée à élever.

Le tendeur cherche-t-il à prendre la Caille ? La réponse à cette question est presque toujours négative à cause de sa petite taille, et parce que la finesse de sa chair la rend peu transportable ; et si parfois la Caille est la proie du tendeur, dites, sans hésiter, que le lacet de crins qui l'a étranglée était destiné à la Perdrix.

Malgré notre intention de limiter à la région de l'Est nos observations de chasse et de braconnage, nous ne pouvons résister au désir de raconter comment les tendeurs de la Côte-d'Or s'emparent de ce volatile au moment où il revient de ses quartiers d'hiver : ils choisissent un champ de blé haut de 0,15 à 0,20 centimètres ; ils s'y couchent à plat-ventre et se recouvrent de paille. A l'aide d'une peau de taupe, qu'ils arrondissent en forme de sifflet, ils imitent le cri que tous connaissent. A ce cri, toutes les Cailles, mâles ou femelles, accourent et viennent jusqu'au tas de paille qui déguise le tendeur. D'une main, qu'il a eu soin de conserver libre, il tient un petit filet ayant la forme d'une trouble, et il laisse tomber ce filet sur les imprudentes qui ont répondu à ce faux appel. On nous affirmait que ce moyen, employé en mai, était toujours couronné de succès, lorsque le braconnier sifflait habilement dans sa peau de taupe.

LE RALE

C'est par erreur qu'on a appelé *roi de Cailles*
le *Râle doré* ou *Râle de genêts*. Rien dans sa
conformation ne rappelle la famille des Cailles :
il est haut de pattes ; sa tête, son bec et son
corps n'ont aucune analogie de formes avec ses
prétendus congénères ; ses habitudes sont aussi
toutes autres. On l'appelle *Râle doré* à cause de
son plumage d'un jaune brillant, et aussi *Râle
de genêts* à cause de son goût pour les baies de
cette plante qui est sa principale nourriture.

Le Râle, qui nous occupe, est un oiseau de
passage. Il apparaît dans notre région du 1er
au 15 septembre. On le rencontre sans compagne
et sans famille. Son vol est lourd, et, lorsqu'il
retombe blessé dans la luzerne ou le trèfle qui
sont ses retraites habituelles, il fait le désespoir
des chiens d'arrêt en décrivant mille courbes

et en fuyant, sans se lever, toutes les fois que
le chasseur, averti, s'approche pour le tirer de
nouveau.

Le Râle est peu commun dans nos contrées.
C'est à peine si le chasseur en rencontre deux
ou trois dans sa campagne d'ouverture. En
outre, il est peu actif et varie peu son lieu de
retraite. C'est sans doute à cause de sa rareté
que malgré la succulence de sa chair le tendeur
n'a aucun engin réservé au Râle doré.

L'ALOUETTE

Lorsqu'il y a vingt ans la Perdrix et la Caille abondaient, il eut été ridicule de s'occuper de l'*Alouette*. Aujourd'hui, elle n'est pas plus dédaignée par les chasseurs que par les gourmets, et la chasse *au cul levé* est maintenant autant pratiquée pour ses résultats que comme exercice de tir.

Nos observations, souvent répétées, nous ont fait connaître quatre variétés d'Alouettes : l'Alouette proprement dite, celle qui fait sa couvée dans nos plaines et dont quelques unes y passent l'hiver ; elle a le jabot un peu sale et le dessous du ventre d'un jaune-clair ; — La *Chanteuse*, appelée aussi *Alouette jouante*, sans doute parce qu'en s'élevant dans les airs elle agite sans cesse ses ailes auxquelles elle imprime un mouvement saccadé ; elle est reconnaissable à sa taille un peu plus forte, à ses ailes se terminant en pointe, à son ventre d'un rouge terreux. C'est la messagère du printemps, c'est elle encore qui célèbre par ses chants les derniers beaux jours de l'automne ; — L'*Alouette de passage*, celle dont l'avant-garde apparait dans les derniers jours de septembre, dont la masse traverse nos plaines du 10 au 25 octobre, et dont l'arrière-garde passe avec les derniers rayons de soleil du 10 au 15 novembre. Elle est un peu plus petite que l'Alouette proprement dite, a le dessous du ventre blanc et le jabot d'un blanc-gris aussi prononcé que celui de la grive ; sa chair est plus succulente et plus entrelardée que celle de son congénère du pays ; elle s'en distingue encore par un cri que le chasseur traduit par le mot *bigre*. C'est son signe de ralliement ; — Enfin, l'*Alouette Russe*, un peu plus forte de taille que l'alouette indigène, d'un plumage plus foncé, surtout sous le ventre qui est d'un rouge vineux, et dont le caractère le plus distinctif est l'aigrette qu'elle porte sur la tête.

L'Alouette proprement dite nous revient dans les premiers jours de mars. Elle attend pour préparer son nid que les trèfles et les luzernes recouvrent le sol de quelques centimètres. Ce moment venu, elle évide la terre de quatre à cinq centimètres, arrange en artiste le lieu où elle déposera ses œufs toujours au nombre de quatre ou cinq, et commence à travailler à leur éclosion dans la dernière quinzaine de mai. Pour le 15 juin, la couvée trottine. Si la main du maraudeur ou un temps clément lui permet de vivre, cette couvée sera la seule ; si elle est détruite par une cause quelconque, à l'image de la Perdrix et de la Caille, l'Alouette recommence son travail de maternité, et souvent en septembre cette seconde famille n'a pas atteint son développement. Il nous est arrivé à la suite d'années humides, de prendre plusieurs Alouettes sous le nez de notre chien d'arrêt, notamment en 1879 ; elles étaient évidemment le produit d'une deuxième couvée.

La chasse à l'Alouette se fait *au cul levé* et *au miroir*. Pour la première, le temps, l'heure et le vent sont à étudier. Que le chasseur ne poursuive pas cet oiseau pendant un jour sombre : son vol dans un pareil moment est trop rapproché de terre, et la couleur de son plumage l'empêche souvent de le trouver au bout de son arme. Le matin, au réveil, l'Alouette se met en quête de sa nourriture, et, lorsqu'elle est saturée et que le soleil a enlevé à la terre toute son humidité, elle se repose et se dissimule de son mieux dans de grands chaumes ou derrière les mottes des sillons labourés. L'après-dînée, elle recommence vers deux heures ses courses à travers champs,

et semble disposée, au lieu de fuir dans les ri-
goles, à s'élever de terre. C'est le moment de la
chasse au cul levé ; elle doit se faire contre le
vent et non sous le vent. L'Alouette, en effet, se
lève du côté opposé au chasseur ; si celui-ci est
sous le vent, l'oiseau se laisse emporter, et il
diparait avec une rapidité qui rend le tir presque
impossible ; s'il est contre le vent, l'Alouette, ne
pouvant pas lutter avec son souffle, monte au lieu
de fuir, se détache ainsi parfaitement, et permet
au tireur de l'abattre avec quelque certitude.
Lorsqu'il persiste à l'ajuster au moment où elle
se lève, il est de toute nécessité qu'il soit assez
maître de lui pour attendre que son vol cadencé
ait fait place à un vol régulier. S'il la serre au
départ et qu'elle tombe, son succès est dû au
hasard et non pas à son adresse. Quand le soleil
perd de son ardeur et que le ciel reprend une
teinte grise, l'heure est venue pour le chasseur
au cul levé de battre en retraite.

Mais la chasse à l'Alouette la plus habituelle
et la plus pratiquée se fait à l'aide de miroirs. On
l'essaie à la fin de septembre, mais sans grand
succès. La Chanteuse et l'Alouette proprement
dite évitent un pareil piège, et il n'y a encore
dans la plaine que l'avant-garde des alouettes de
passage. Les *Voliers* ou *Bandes* apparaissent avec
les premiers jours d'octobre, c'est-à-dire lorsque

les nuits se refroidissent et que les gelées blanches
commencent. Les Voliers deviennent plus nombreux vers le 10 octobre et continuent jusqu'au
25 du même mois. A compter de cette époque,
qui peut être reculée ou avancée de quelques
jours si la température reste douce ou devient
plus froide, le nombre des bandes diminue jusqu'au 10 novembre. Après cette date, l'arrière-
garde passe, qui se compose selon toute probabi-
lité des deuxièmes couvées, trop faibles encore
pour se mettre en route en octobre avec la grande
masse de leurs congénères.

Pourquoi les Alouettes de passage sont-elles
attirées par le miroir, et pourquoi la Chanteuse,
l'Alouette proprement dite et l'Alouette Russe
l'évitent-elles presque toujours ? Pour les uns,
l'Alouette de passage, traversant des régions qui
lui sont inconnues, s'approche du piège par
curiosité, et, en cherchant à se rendre compte
d'un pareil objet, elle laisse au chasseur le temps
de l'abattre ; pour d'autres, elle s'y mire par
coquetterie, et son cri est l'indice de sa joie ;
pour d'autres encore, refroidie par un voyage de
nuit, elle vient chercher à se réchauffer aux
rayons qui s'en dégagent.

L'expérience nous permet de combattre toutes
ces versions, et de dire que la plus vraisemblable
est la ressemblance du piège avec celle de

l'oiseau de proie, et que le succès sera d'autant plus grand pour le chasseur que la forme du miroir s'en rapprochera davantage.

Si l'Alouette s'approchait du miroir par curiosité, elle s'attarderait également près de tous les objets qu'elle rencontre dans la plaine et qu'elle n'y voit pas habituellement. En admettant cette hypothèse, comment comprendre qu'elle s'en tiendrait à une certaine distance et voleterait tout autour avec un certain effarement? Comment comprendre encore le temps qu'elle perdrait si complaisamment à l'examen de ce piège, elle fatiguée par un long voyage et ayant hâte de gagner des régions plus tempérées?

Si elle était attirée au-dessus du miroir par coquetterie, pourquoi cet effarement, indice de la peur qui se traduit par son cri, au lieu de la joie qu'elle pourrait manifester par le chant qu'elle fait entendre dans le pays qu'elle habite au printemps et pendant l'été?

Si elle venait autour du piège pour s'y réchauffer, pourquoi la chanteuse, l'Alouette proprement dite et l'Alouette Russe n'y viendraient-elles pas également, le même instinct devant pousser les unes et les autres vers le même but, et les nuits d'octobre étant froides dans l'Est tout aussi bien que dans le pays d'où elle sort; on pourrait même dire que la température noc-

turne du lieu du passage est plus douce pour
l'Alouette étrangère que celle du lieu d'origine,
car elle se rapproche petit à petit de la zone
tempérée qui lui servira de refuge pendant l'hiver?

Cet effarement dont nous parlions plus haut
fait place à une tranquillité relative lorsque le
miroir est visité par une troupe d'Alouettes de
passage. Et pourquoi? Parce qu'elles se sentent
en force près de l'ennemi, et que pour elles le
miroir est un oiseau de proie. Il est en effet facile
d'observer que l'Alouette seule est inquiète, que
son vol rapide et inégal est le signe de cette in-
quiétude, et qu'au moindre bruit du piège, au
moindre mouvement du chasseur elle s'enfuit à
tire d'ailes. Lorsqu'au contraire 20, 25 Alouettes
et quelquefois plus, dirigées par un chef de bande
qui a le cri de *bigre* comme signe de ralliement,
s'abattent sur le miroir, elles s'y arrêtent en le
dominant à une certaine hauteur, elles tournent
autour avec une certaine complaisance, elles se
croisent et ne le quittent que rappelées par leur
chef. Grâce à leur nombre, toute crainte a disparu; on se trouve, il est vrai, à quelque pas de
l'ennemi, mais il y a du renfort pour le regarder
en face, s'en défendre et parfois même l'attaquer.
N'est-ce pas ce sentiment naturel qui rend l'Oi-
seau-mouche audacieux, lorsqu'en bandes il se
jette sur l'Aigle ou le Vautour? Ce fait a été

souvent observé dans la Cordillière des Andes, et plusieurs fois ces puissants maîtres de l'air ont succombé sous les attaques multipliées de leurs nombreux et minuscules ennemis.

Il faut conclure de ces faits et observations que les Alouettes s'approchent du miroir pour examiner et comme pour défier celui qu'elles croient être leur ennemi.

On nous objectera qu'au moment des grands passages, et surtout de dix à onze heures du matin, quelques Alouettes viennent seules au miroir et sont même, grâce à leur immobilité presque complète, les plus faciles à tirer. Nous répondrons à cette objection, qui est en apparence fondée, que les Alouettes, qui se hasardent ainsi à s'approcher de leur ennemi, sont toujours des sujets de l'année. Il est facile de juger de leur jeune âge par leur taille qui est moindre que celle de leurs congénères, par leur plumage qui n'a pas encore toute sa richesse de tons et par le peu de solidité de leur bec.

On nous objectera encore que quelques Alouettes ne peuvent pas regarder le miroir comme un oiseau de proie, puisque, après l'avoir examiné, elles s'abattent sur le sol à quelques mètres de lui, et parfois même plus près encore. Nous répondrons à ce fait, qui est encore vrai, qu'il a pour seule et unique cause la fatigue de l'oiseau.

Par terre, en effet, on le voit immobile, et il est facile au chasseur de le tirer de sa place. Considérons, au contraire, l'Alouette de pays qui s'est posée dans des chaumes ou dans un sillon de semences : elle n'est pas tranquille un instant, elle se hausse sur ses pattes pour voir ce qui se passe autour d'elle, puis s'applatit sur terre, et fuit d'une façon tellement invisible que le chasseur, qui la poursuit, la voit à sa grande surprise se lever à plusieurs mètres de l'endroit où elle s'était posée.

On nous objectera enfin que si les bandes d'Alouettes cherchaient à tenir tête à leur ennemi représenté par le miroir elles le feraient tout aussi bien de onze heures du matin à trois heures de l'après-dinée, que de huit à onze heures du matin. La réponse à cette objection est bien facile : les bandes d'Alouettes ne peuvent voir leur ennemi que lorsqu'elles arrivent ; or, le passage est terminé à onze heures du matin, et à ce moment chaque volier occupe ses quartiers de la journée, y prenant du repos et y cherchant sa nourriture jusqu'à trois heures du soir, moment où il se rassemble pour le départ. C'est ce départ qui donne parfois au chasseur quelque succès, lorsque dans le temps de la grande passe, c'est-à-dire du 10 au 25 octobre, il installe son miroir de trois à quatre heures de l'après-dinée.

Pour donner plus d'autorité à notre version de l'oiseau de proie figuré par le miroir, nous parlerons plus loin, en décrivant ses diverses transformations, du succès obtenu par l'emploi comme appelant d'une chouette vivante.

Nous avons déjà dit que la chasse au miroir commençait avec le mois d'octobre et finissait vers le 15 novembre. Cette chasse demande outre un bon outillage la recherche d'un emplacement qui doit varier suivant le vent, et l'emploi de précautions qui ne sauraient être taxées d'inutiles : le miroir doit être planté dans des chaumes d'avoine, à proximité d'un buisson ou d'un léger monticule permettant au chasseur de se dissimuler quelque peu. Sa position la plus commode serait de trouver un chemin d'exploitation bordé de broussailles et plus élevé que le sillon où le miroir est enfoncé, de telle sorte qu'il puisse du lieu où il s'asseoit dominer la plaine qui l'entoure et voit arriver les bandes pour se tenir prêt à tirer. La distance, qui sépare le chasseur du miroir, doit être d'environ quinze mètres. Il a à côté de lui un enfant de dix à douze ans préalablement exercé au maniement du piège. Cet enfant tient en main une ficelle, et il doit la faire mouvoir de façon à ce qu'il n'y ait aucun temps d'arrêt dans le mouvement de va-et-vient du chapeau. Cette ficelle, forte et résistante, doit

avant son emploi subir une préparation : on la
plonge dans une décoction d'eau d'écorces de
noix pour la brunir ; à l'usage, elle prend la
couleur de la terre. Son tirage est ainsi moins
visible pour l'oiseau qui approche. Chaumes,
chardons, grandes herbes se trouvant sur le passage de la ficelle, tout doit disparaître, ces obstacles étant la cause d'un frottement qui fait du
bruit et qui est par suite de nature à faire fuir
l'Alouette.

Le miroir se plante sur un pied ayant au moins
quarante centimètres de hauteur, dont la partie
inférieure doit se terminer par une tige de fer
fort amincie. A la partie supérieure de ce pied il
existe un évidement, et sur l'axe de cet évidement
une autre tige en fer d'un diamètre de trois centimètres environ et d'une hauteur proportionnée
à celle de la douille qui supporte le chapeau.

Cette douille, en fer ou en cuivre, tourne sur
la plate-forme de la partie supérieure du pied du
miroir. Pour éviter le bruit occasionné par le
frottement du métal sur le bois, on intercalle
une rondelle de cuir de peu d'épaisseur, qu'on a
eu soin avant son emploi de tremper dans un
corps gras pour la rendre souple. Ce mouvement
de la douille s'opère par la ficelle dont il a été
plus haut question ; elle s'enroule autour de cette
douille, sur certains miroirs de bas en haut, sur

d'autres de haut en bas. Nous donnerons la préférence à ce dernier procédé, parce qu'il évite, surtout lorsque la douille est évasée à sa partie inférieure, l'enroulement de la ficelle autour de la tige de fer, ce qui est de nature à arrêter la marche de l'engin et nécessite le déplacement du chasseur pour remettre les choses en leur état normal.

La pièce la plus importante du miroir est le chapeau. Tout y est à étudier : sa forme, sa composition, les matières à employer comme appelants et la disposition à donner à celles-ci.

C'est le cas de parler ici du miroir et des divers perfectionnements qui y ont été apportés depuis sa création. Il y a à peine trente ans que cette chasse est pratiquée, les premiers miroirs qui ont paru avaient un chapeau garni de petites glaces, les unes carrées, les autres rectangulaires. Le chapeau, de formes si diverses que celles-ci paraissaient indifférentes au succès, était de bois de hêtre peint en vermillon.

On ne tarda pas à remarquer les graves inconvénients de cet engin. Le plus saillant était ses rayons trop vifs lorsque le soleil brillait de tout son éclat ; quand, au contraire, le soleil était avare de ses feux ou qu'il était souvent caché par les nuages, il cessait d'être un appelant. On le modifia en raréfiant les glaces et en se servant de noyer ciré pour composer le chapeau. C'était une amélioration, mais qui ne donnait encore qu'un engin fort médiocre. Plus tard, on remplaça le chapeau à glace par un simple morceau de bois de noyer bien ciré, ce qui était une nouvelle amélioration, mais encore bien insuffisante. On eût ensuite comme le pressentiment de la cause qui attirait l'Alouette en donnant au chapeau la forme d'une paire d'ailes. Le mouvement de va-et-vient commençait ainsi à dessiner le vol de l'oiseau de proie, lorsque, planant à quelques mètres au-dessus du sol, il se prépare à fondre sur sa proie.

Les régions voisines nous envoyèrent aussi leurs modèles. Il nous vint de la Haute-Marne un miroir dont le chapeau en noyer, de la forme d'un trapèze, avait deux ouvertures carrées à sa partie inférieure. L'effet de cet engin ne répondit pas aux espérances qu'il nous avait fait concevoir. La pratique nous en ayant démontré la médiocrité, il nous fallut revenir au dernier modèle que nous avons décrit.

Tout en nous en servant, nous en sentions toute l'imperfection, lorsque nous entendîmes parler du modèle de Lille. On nous en offrit un pour l'expérimenter. Cinq douzaines d'Alouettes furent le résultat de notre première expérience. Elle fut concluante, et, plein d'enthousiasme, nous en fîmes faire immédiatement un exemplaire. À partir de ce moment, nous eûmes des succès si réels que dans un rayon de trois à quatre cents mètres, notre nouveau miroir attirait à lui toutes les bandes et laissait les tireurs voisins ahuris de leur insuccès et jaloux de notre chance.

Depuis peu, nous avons remarqué à la vitrine d'un armurier un miroir d'un nouveau genre : un oiseau de proie en fer blanc, peint avec ses couleurs naturelles, monté sur un fil de laiton tourné en spirale, auquel la ficelle imprime le même mouvement que la Buse, par exemple, lorsqu'à quelques mètres de terre elle bat des ailes avant de saisir sa proie. Nous n'avons pas encore expérimenté ce système de récente création, mais tout nous donne à croire qu'il constitue un nouveau perfectionnement, qui nous confirme dans notre opinion, que l'appelant le plus puissant pour attirer l'Alouette est celui qui figure le mieux l'oiseau de proie.

À l'appui de cette thèse, citons le fait suivant : un capitaine du génie, en garnison à Longwy, eut l'idée de faire préparer un piquet de quatre-vingts centimètres de hauteur, à la partie supérieure duquel il organisa un mouvement de va-et-vient. Sur ce piquet il enchaîna une Chouette vivante en prenant soin de lui laisser les ailes libres pour qu'elle puisse les agiter ; il provoqua même cette agitation des ailes au moyen d'un aiguillon qui la tourmentait et l'obligeait à chaque moment de chercher à fuir. Les Alouettes vinrent en telle quantité sur ce nouveau miroir qu'il en tua 230 dans une seule matinée. Ce succès fit du bruit dans la petite ville de Longwy, et l'heureux chasseur reçut le jour même la visite d'un agent qui le prévint que son procédé était illicite, et qu'une récidive aurait pour résultat sa comparution en police correctionnelle.

De tout ce que nous avons dit, et surtout de ce dernier fait, il faut tirer cette conclusion pratique qu'un miroir sera un appelant d'autant plus sûr qu'il imitera mieux la forme et les mouvements de l'oiseau de proie.

Bien que le chapeau du miroir soit sa partie principale, celle par suite qu'il y avait lieu surtout de perfectionner, il ne fallait pas moins chercher à améliorer les autres pièces de l'engin. La ficelle nécessitant la présence d'un enfant, on essaya d'y suppléer par un miroir à engrenages qu'on remontait à chaque quart-d'heure. Le chapeau, ayant une rotation uniforme, n'attirait pas l'Alouette. On le perfectionna en plaçant dans la boîte un double engrenage en sens inverse, et on arriva ainsi à produire le mouvement de va-et-vient. Mais ce mouvement ne se

faisant qu'après un temps d'arrêt, on dût abandonner ces appelants à remontoir. Nous entendîmes parler du modèle de Douai, consistant en
un chapeau de noyer ciré qui s'attachait au fusil
à l'aide d'une griffe en fer ou en cuivre, et permettant au chasseur de se promener dans la
plaine tout en tirant lui-même son miroir avec
la ficelle descendant le long du canon. Ce modèle
devait réaliser une double amélioration, celle de
rendre inutile la présence d'un enfant et de
pouvoir se porter où il y a du soleil lorsque le
ciel est en partie chargé de nuages. Nous fîmes,
en 1876, l'expérience de ce modèle, et il nous
fallut encore l'abandonner : d'abord le miroir,
placé presque à l'extrémité du canon, donnait
au fusil une grande lourdeur; puis, malgré le
fini des pièces qui le composaient, il cessait souvent de tourner lorsque les mouvements saccadés
de l'Alouette obligeaient le chasseur à la suivre
quelques instants; enfin, la force expansive de
la poudre faisait sortir le chapeau de la tige en
fer qui le retenait.

On nous apprit encore qu'un capitaine d'ar-
tillerie de l'armée de Metz, qui avait eu le bras
gauche cassé par un éclat d'obus, avait passé
le temps de sa convalescence à composer un
nouveau pied de miroir, qui, grâce à des engrenages savamment disposés, produisait le mouve-

ment de va-et-vient sans frottement et presque
sans tirage. Mais le prix de cet accessoire (60 fr.)
et son poids en rendirent l'emploi impossible.
Il nécessitait, au reste, l'emploi de la ficelle, et
par suite la présence d'un enfant.

L'engin le plus pratique que nous connaissions
aujourd'hui est donc le modèle de Lille : Son pied,
sa tige de fer, sa douille sont les mêmes que pour
les miroirs ordinaires. La douille seulement retient à elle le chapeau à l'aide de deux vis traversant une plaque de fer ou de tôle. Ce chapeau
en bois de hêtre, aminci à sa partie supérieure,
s'arrondit à chacune de ses extrémités et vient
faire un vide de chaque côté de la douille. Bar-
bouillé en terre d'Amérique, il a sur ses deux
faces des évidements figurant un soleil, deux
trapèzes et deux étoiles. Dans ces excavations
on coule du plomb, qui répond d'autant mieux
à son but qu'il est plus noirci par le temps. La
forme du chapeau et le mélange de ces figurines
éclairées par le soleil représentent à une certaine
distance un oiseau qui plane. C'était l'objectif
à atteindre.

La ficelle du miroir a de grands inconvénients,
ceux de se rompre, de s'user en s'enroulant
autour de la douille et en frottant la terre, et
d'enraidir la main du tireur par les matinées
froides d'octobre ou de novembre. Le seul per-

fectionnement, apporté jusqu'à ce jour, est la pédale, qui permet d'imprimer à la ficelle son mouvement de rotation tout en préservant les mains du froid.

Nous avons parlé plus haut de l'emplacement qu'il faut choisir en temps ordinaire pour installer son miroir. Cet emplacement ne saurait être toujours le même : si le temps est calme, préférez le champ d'avoine qui vous permettra de dominer un vaste horizon et de voir de loin les Alouettes qu'attire le miroir, et de près celles qui se jettent à terre à portée de fusil ; s'il y a du vent, établissez-vous sur un revers ou dans un entonnoir à l'abri, l'Alouette volant alors en rasant le sol. Ne manquez pas le jour d'octobre où le soleil brille et où le vent du sud souffle ; c'est un double élément de succès. Enfin, que votre installation soit terminée pour huit heures du matin, c'est le moment où commence le passage ; à dix heures, les voliers sont moins nombreux ; à onze heures, on n'en voit plus vers le nord, direction que suivent toujours les Alouettes lorsqu'elles se rendent à leurs quartiers d'hiver.

L'Alouette de passage choisit ordinairement des champs d'avoine pour s'y abattre. C'est que là elle trouve toute la nourriture qu'elle recherche, graines, herbes et insectes. Les nombreuses déjections, qui sont la trace incontestable de son séjour, attestent qu'elle se repose de préférence dans ces sillons.

La chasse au miroir présente de véritables difficultés qui diminuent au fur et à mesure qu'on avance dans la saison. Ainsi, à la fin de septembre, l'Alouette vient ordinairement seule, et, effrayée d'être en présence de l'ennemi, elle a un vol saccadé et tourmenté ; en octobre, la difficulté du tir vient surtout du nombre des Alouettes qui voltigent autour du piège, et qui, en s'entrecroisant, font hésiter le chasseur sur celle à choisir. Malgré ce chassé-croisé qui se répète à l'arrivée de chaque volier, il est bien rare de faire deux victimes du même coup. En novembre, l'Alouette, ne passant plus guère par bandes, arrive souvent seule au miroir, surtout de dix à onze heures du matin, et, en le dominant perpendiculairement, elle semble prendre plaisir à rester quelques secondes immobile en étendant ses pattes. En terme de chasse, elle fait *le Saint-Esprit*. Le tireur ne doit manquer aucune de celles qui se présentent ainsi, ce sont de véritables cibles, et le point à viser est la poitrine. Pour les autres, il y a un moment qu'il importe de saisir, celui où après avoir exécuté leurs mouvements saccadés elles s'arrêtent, ne serait-ce qu'une seconde. Ce temps psychologique manqué, l'insuccès en est presque toujours la conséquence. Quelques chasseurs suivent avec leur arme les différents mouvements de l'oiseau. Ce mode est l'indice de l'inexpérience : en effet, l'œil, l'épaule et le bras se fatiguent promptement d'un pareil travail, et la lassitude qui en résulte ôte au tir sa précision.

Une autre condition de succès, c'est la présence au moment du grand passage de deux enfants, l'un ne quittant jamais la ficelle, l'autre allant amasser les Alouettes abattues. De cette façon, le chasseur n'abandonne pas son talus, et il emploie tout son temps à charger son arme et à la décharger.

Le cul levé et le miroir sont les seuls procédés connus pour chasser l'Alouette au fusil, mais on la prend aussi au filet. Il y en a de trois sortes : la tirasse, — le filet de nuit, — la pantène.

La tirasse ou filet de jour, dont l'emploi est défendu depuis environ quinze ans, se composait de deux pans de filet rectangulaires reliés entre eux par un système de cordes qui aboutissaient à un cylindre de bois de quarante centimètres de longueur et d'un diamètre de quatre à cinq centimètres. Le chasseur tenait en main et horizontalement ce cylindre, et, à l'aide d'un vigoureux effort, les deux pans se croisaient et enfermaient les oiseaux dans leurs mailles. Les deux parties de la tirasse étendues avec soin sur

une terre fraichement remuée et soigneusement
débarrassée de toutes ses herbes, étaient en-
raidies par des piquets solidement fixés, à l'extrémité desquels était attaché le jeu de cordes.
A la tête de chaque pan se trouvaient les oiseaux
servant d'appelants. Ils se mouvaient au bout
d'une petite tringle de fer haute de quarante
centimètres à l'aide d'une ficelle à portée de la
main du tendeur. Celui-ci avait pendus au col un
sifflet avec lequel il imitait le cri de l'Alouette,
et un autre instrument à l'aide duquel il attirait
le Serin, le Linot, le Pinson, le Hochequeue,
la Bergeronnette, et généralement tous les petits
oiseaux migrateurs qui traversent en troupes
les plaines de l'est du 1er octobre au 15 novembre. Les coups de sifflet et le vol des
mouvants faisaient passer les bandes au ras du
sol, et une heureuse prise dépendait souvent de
l'habileté du tendeur.

La tirasse présentait un développement de
vingt à vingt-cinq mètres de longueur sur dix
mètres de largeur.

Le filet de nuit, composé d'un seul pan d'une
longueur et d'une largeur presque égales, se
terminait à chaque extrémité par une perche,
que tenaient en main les deux chasseurs destinés
à le faire mouvoir. Avec cet engin on marchait
en plaine la nuit, et, lorsqu'on dérangeait des

Alouettes de leur lieu de repos, on abattait le filet sur elles. Le succès était presque toujours certain, l'Alouette ne volant le soir qu'à quelques centimètres du sol.

Mais les succès, obtenus par ce procédé, sont loin d'équivaloir aux résultats que donne la pantène. Celle-ci, pour la mouvoir, réclame un véritable équipe de braconniers. Pendant que les uns avancent dans les chaumes en trainant ce filet si lourd, d'autres les frappent avec des bâtons, et font fuir l'Alouette et tout le gibier qu'ils dérangent vers le piège qui leur est tendu. Lorsque les hommes, préposés à ce travail, se sont rapprochés les uns des autres et sont à peu de distance du filet, ceux qui soutiennent celui-ci l'abattent sur le sol. Le nombre des victimes, qui se trouvent sous les mailles, est quelquefois considérable, et à côté de nombreuses Alouettes on a souvent pris des Perdreaux et des Lièvres.

La chasse au filet de nuit et à la pantène se pratiquait autrefois sur une grande échelle dans quelques parties de l'Est, notamment à Vionville près Gorze, et à Ochey, près Toul. Dans ce dernier village elle a encore des adeptes, et de là partent des sacs à grains remplis d'Alouettes pour alimenter le marché de Nancy.

Avec les sentiments d'envie qui dominent et le goût de nos concitoyens pour la délation, il va de soi que les tendeurs au filet ont été en butte à de nombreuses dénonciations. Elles eurent pour conséquence des recherches qui n'aboutirent pas, grâce à l'habileté avec laquelle les braconniers cachaient leurs engins. On nous a montré un puits isolé dans la plaine de Vionville qui servait jadis de refuge aux filets de ces chasseurs nocturnes.

LE GOBELIN

Lorsque nous aurons dit un mot du *Gobelin* et de l'*Alouette à aigrette,* nous aurons terminé la série de nos observations sur le volatile qui nous occupe et qui est la cause d'une de nos joies, aujourd'hui que le gibier de plaine a presque complétement disparu.

Le Gobelin, plus petit de taille que l'Alouette, en a le plumage, mais avec des tons moins accusés. Il en diffère encore et surtout par un bec moins solide, une queue moins développée, un vol et un cri sans analogie avec ceux de son prétendu congénère. Sous tous ces rapports, le Gobelin ne nous paraît pas être une des variétés de l'Alouette, quoiqu'il habite la plaine et qu'il émigre à la fin d'octobre.

L'ALOUETTE A AIGRETTE.

L'Alouette à aigrette ou Alouette russe nous arrive dans la première quinzaine de novembre. Elle ne vient pas au miroir et ne peut être tirée au cul levé, parce qu'elle ne séjourne pas dans la grande plaine. Elle se tient habituellement dans les fossés des routes ou sur leurs talus. Elle et sa compagne (car elles sont toujours deux) semblent prendre plaisir à s'ébattre dans la poussière des chemins. Elle a plusieurs caractères distinctifs : une taille plus forte, une aigrette sur la tête d'où elle tire l'un de ses noms, un plumage sous le ventre d'un rouge terreux et un vol tout particulier, car il serait plus vrai de dire qu'elle saute. Elle se lève en effet de terre, décrit un demi-cercle de cinquante mètres de longueur, s'abat et court sur terre. La présence de l'Alouette russe dans nos régions est l'indice d'un froid prochain. Lorsque le chasseur la rencontre, il doit en conclure qu'on jouit des derniers rayons du soleil et que la fin du miroir est venue.

LE LIÈVRE

On ne rencontre dans la plaine qu'un seul gibier à poils, le *Lièvre ;* il choisit comme lieu de retraite tantôt les sillons nus ou ensemencés, tantôt la forêt. Beaucoup de naturalistes ont cherché à établir que le Lièvre de plaine et celui de bois formaient deux variétés ; nous sommes d'un avis contraire, et il résulte de nos observations que le même Lièvre habite la plaine et le bois à des moments déterminés. Ne voyons-nous pas ce gracieux animal quitter la forêt lorsque les seigles, les blés, les trèfles, les luzernes et les sainfoins lui offrent un abri plus sûr ? Ne savons-nous pas que c'est là qu'il donne le jour aux troisième et quatrième générations de l'année ? En août lorsque les moissonneurs envahissent la plaine, en septembre lorsque les faucheurs abattent les dernières prairies artificielles, et que le soleil du jour et la fraîcheur de la nuit ont grillé nos sillons de pommes de terre, il est facile d'observer que les Lièvres regagnent avec leurs familles le bois, dont les herbes et le feuillage à cet époque de l'année ont encore tout leur développement et leur couleur printanière. Pourquoi le Lièvre de bois irait-il se gîter en plaine lorsqu'il est harcelé par des chiens courants et y rester souvent plusieurs jours? Pourquoi irait-il également habiter la plaine pendant deux ou trois semaines en octobre et en novembre pour éviter le bruit, inquiétant pour lui, de la chute des feuilles? Pourquoi enfin irait-il jouir dans les labours des premières brises tièdes de février ou de mars s'il y avait deux espèces distinctes? On a cherché à expliquer la différence qui existait entre les deux variétés en disant que le pelage du Lièvre de bois était d'un gris plus clair que celui de son congénère de plaine. Cette distinction est une subtilité : qu'y a-t-il donc d'étonnant à ce que la teinte diffère quelque peu, lorsque le Lièvre a été crotté par la terre, souvent mouillée, où il a creusé son gite? En est-il de même au bois dont il habite les plateaux et les rêles, et où la moindre tache de boue disparaitrait au contact des ronces et des épines, qu'il traverse chaque nuit pour aller en plaine prendre sa nourriture?

Nous ne dirons pas ici les mœurs du Lièvre, sa fécondité, les jouissances qu'il procure au

chasseur. Nous nous réservons d'en parler longuement dans notre chapitre : *du Gibier de bois.*
Quelques mots cependant sur le séjour qu'il fait
en plaine : il y vient en février et mars, mais
seulement pour y jouir des premiers rayons du
soleil ; il s'y installe fin avril ou commencement
de mai avec les jeunes Levrauts qui ont vu le
jour au bois, dans les couverts et les buissons.
Si, protégé par les récoltes, il évite la dent acérée
du Renard ou du Loup, il est épié par la Buse,
l'Epervier et le Tiercelet. Il a d'autres ennemis
encore, le faucheur et le braconnier. N'étant
pas dérangé dans les trèfles et luzernes qu'il a
choisis momentanément pour demeure, il se fait
au bruit qui l'environne sans s'en émouvoir ; c'est
ce qui explique comment le faucheur peut arriver
jusqu'à lui et parfois même lui couper les pattes.
L'œil pénétrant et exercé du braconnier sait
encore le découvrir à la coulée presque invisible
qu'il fait lorsqu'il sort de sa cachette et lorsqu'il
y rentre ; il garnit ce passage de lacets de
laiton qu'il élève à quinze ou vingt centimètres
du sol et qu'il y retient à l'aide de grosses
pierres. Grâce à ce blocus d'un nouveau genre,
il en devint le maître.

Les broussailles sont encore en plaine un lieu
de retraite pour le Lièvre. Le braconnier sait l'y
découvrir ; il lui suffit de reconnaître sa sortie et

sa rentrée aux poils qu'il laisse aux épines. Il place ses lacets sur cette voie à la hauteur que nous avons indiqué plus haut, et les retient soit à l'aide d'un coudrier plié d'orme ou de noisetier, soit avec une racine ou une pierre.

Enfin, autrefois, à l'ouverture de la chasse, on trouvait le Lièvre dans les chaumes d'avoine ou de blé. Depuis l'usage des machines agricoles, dites moissonneuses, qui coupent les céréales au ras du sol, il ne peut plus y giter. Il faut donc le chercher dans les récoltes et les haies. A la fin de septembre, lorsque ces récoltes sont passées des champs à la ferme, il n'est plus dans les sillons dénudés ; mais par les pluies ou les grands vents vous en trouverez quelques-uns dans des rêles garnis d'épines et dans des excavations comme les carrières. Lorsque les semailles d'automne seront terminées, que le seigle et le colza couvriront la terre de leur manteau vert, que les feuilles des bois, saisies par les premières gelées, commenceront à tomber en parachute en heurtant avec bruit les branches d'arbres et de coudriers, vous trouverez encore le Lièvre en plaine blotti entre deux mottes, gité au milieu des poils rougeâtres du seigle, ou caché sous la feuille déjà large du colza. Ne le cherchez ni au milieu de la longueur du champ, ni sur la partie la plus élevée de sa largeur ; il est presque

toujours à l'une de ses extrémités, à deux mètres
de la ligne séparative, sur le versant qui le met
à l'abri, sa tête en face du vent. C'est que tout
à la fois paresseux et inquiet dans sa retraite
où il a toujours les yeux ouverts, il a besoin
de demander à son odorat, qui est pénétrant,
ce qu'il a à redouter des hommes et des animaux
qui l'approchent. S'il a pour visiteurs des porcs
ou des moutons, il se sent chez lui et ne fait
aucun mouvement ; on a même observé que,
poursuivi par des chiens courants et gagnant la
plaine, il était parfois venu demander asile au
troupeau qui y paissait. S'il voit approcher de
petits aboyeurs ou des chiens d'arrêt, il fuit à
toutes jambes. Il se laisse arrêter en septembre,
époque où la plaine a encore une partie de ses
couverts, rarement en octobre ou novembre où
ceux-ci ont disparu. Lorsqu'il est tenu en arrêt,
il est comme fasciné par la présence de son ennemi ; lorsqu'on le découvre, sous le nez du
chien, on remarque en effet qu'il s'arrondit en
boule, semblant ainsi chercher à être moins
visible. Une preuve de plus que le Lièvre de
plaine n'est pas une variété distincte du Lièvre
de bois, c'est que lorsqu'il se lève de son gîte,
il gagne la forêt s'il en existe une à proximité.

La vigne est une des retraites préférées du
Lièvre. Lorsqu'elle a ses feuilles, il va volontiers

l'habiter. Lorsqu'elle les perd et que ses échalas sont disposés en mouilles, il y reste encore et a l'habileté de se dérober aux regards inquisiteurs soit en se cachant sous un amas de feuilles réunies par le vent d'automne, soit en s'abritant de la pluie et de la neige sous les mouilles de paisseaux. Il est toujours difficile au chasseur d'arriver jusqu'à lui à cause du bruit qu'il fait en marchant sur les feuilles ou sur la neige, et de l'escarpement des lieux à parcourir.

La chasse en vigne au chien d'arrêt n'offre pas partout des éléments de succès, même dans les endroits où le Lièvre abonde. Mais il est une autre manière de l'atteindre qui se pratique dans les grands vignobles : on l'y chasse à l'aide de chiens courants, petits de taille, ayant une allure modérée, et une gorge tout à la fois faible et peu fournie. Les rares aboiements de ces bassets font fuir le gibier devant eux ; celui-ci, se sentant protégé par les cépages et les échalas amassés en tas de distance en distance, s'arrête à chaque instant, et, à l'imitation du chevreuil, écoute, les oreilles dressées, la marche de son ennemi. Comme il est nécessaire d'établir de nombreux chemins ou sentiers pour le défruitement des coteaux d'une large surface, il suffit au chasseur de se tenir au point d'intersection de ces lignes ouvertes. D'un lieu un peu élevé, il peut suivre la piste que parcourt le chien, et souvent il voit arriver la bête poursuivie, que sa marche lente lui permet de viser à l'aise. Nous avons vu pratiquer cette chasse avec succès sur le revers du Mont Saint-Quentin, entre Scy et le Ban Saint-Martin, près Metz.

Quelquefois, les vignes sont parsemées de bouquets de bois, de pierriers, de trous fortement herbés, de haies épaisses et d'une grande longueur, de touffes d'asperges. Ce sont là autant de difficultés pour suivre des chiens courants, car l'instinct de sa conservation dit au Lièvre, que, dérangé de son gite, il doit quitter le sol dénudé et chercher à éviter la présence du chasseur en fuyant le long des haies et en se retirant dans des lieux où l'œil de son ennemi ne peut l'atteindre. Que faire en pareille circonstance ? Prendre son chien d'arrêt, le faire explorer et la vigne, et les haies, et les bouquets de bois ; pendant ces investigations, gagner avec le moins de bruit possible les éminences, les pierriers par exemple ; en faire partir le gibier qui s'y trouve à l'aide de pierres ou de branches, et en même temps suivre attentivement les allures du chien. De ce point culminant que le Lièvre cherche souvent à aborder lorsqu'il se lève de son gite ou d'où il part s'il y a sa demeure, il vous est facile de l'abattre. Cette chasse, qui demande de l'expérience, se pratique avec succès, notamment à Jouy-aux-Arches, où les vignes sont remplies d'obstacles de la nature de ceux que nous venons d'indiquer.

Disons en finissant que les lieux où il y a de nombreuses vignes sont ceux où l'on trouve encore le plus de Lièvres ou de Perdreaux, et que dans certaines contrées le gibier aurait complètement disparu sans cet abri tutélaire, qui facilite la reproduction et rend moins fructueuses les incursions du braconnage. Nous pourrions citer comme exemple la côte de Sion, qui, grâce à ses broussailles et à ses vignes, sauvegarde quelques portées de Levrauts, et les envoie aux plaines et aux petits bois qui l'avoisinent.

GIBIER DE BOIS

Nos forêts de la région de l'Est sont peu giboyeuses, et le gibier y est peu varié : le Lièvre, le Renard, le Loup, le Chevreuil, le Sanglier, la Gélinotte et la Bécasse, tels sont les principaux fauves et volatiles qu'elles renferment. Leur dépeuplement, préparé de longue main, d'une part par l'habileté et l'esprit de lucre de nos braconniers, d'autre part par la nonchalance et la peur de nos agents forestiers a pour résultat immédiat la privation d'un objet important d'alimentation, et va tarir, dans un avenir prochain, une des sources les plus certaines des revenus communaux et domaniaux. Quel est le chasseur, quelles qu'abondantes que soient ses ressources, qui offrira aux communes, aux départements, aux hospices, à l'État une large rémunération de leurs forêts, lorsqu'il sera sûr que ses chiens les parcourront sans donner un coup de voix? Nous avons souvent averti les hauts fonctionnaires de l'administration forestière de nos craintes d'avenir en présence d'un mal qui faisait et fait chaque jour encore de nouvelles recrues : le braconnage. On a répondu à nos avertissements par un sourire d'incrédulité; « Des « braconniers, nous disait-on, mais c'est pure « imagination; ils n'existent que dans vos rêves; « nos gardes, qui chaque jour sillonnent les « bois dans tous leurs sens, ne trouvent pas « de lacets ni la trace de ceux que vous dites « en tendre. Vos plaintes ne sont donc pas « fondées, et il n'est nul besoin d'envoyer des « instructions à nos agents. » Loin de nous la prétention de donner une leçon à ces brillants Inutiles, mais il nous sera bien permis de dire que ces gardes, en qui ils ont une foi entière, n'arrivent au bois que longtemps après que la tournée des lacets est faite; qu'ils y sont accompagnés d'un petit chien aboyeur, lequel avertit suffisamment et assez à temps le braconnier pour qu'il se transforme soit en chercheur de bois mort, soit en cueilleur de brindilles pour les transformer en balais, soit en amateur de champignons, soit en travailleur demandant du repos à l'une des lignes ombreuses de la forêt. Viennent-ils à surprendre en flagrant

délit ces ravageurs de bois? ils s'en dé-
tournent, aimant mieux violer le serment pro-
fessionnel, qu'ils ont solennellement prêté, que
de les déférer à la justice; le plus souvent
même ils sont les amis et les complices de ces
hommes qui cherchent à trouver dans un pareil
emploi de leur temps une satisfaction à leurs
goûts et à leurs instincts de paresse. Cette
amitié et cette complicité, qui ont commencé
dans quelque ravin boisé, se traduisent au
dehors par d'abondantes libations faites en
commun dans un cabaret obscur avec le prix
du gibier étranglé.

Où trouver, me direz-vous, le remède d'un
si déplorable état de choses? Est-ce en mul-
tipliant les agents forestiers subalternes? Non.
Est-ce en leur donnant pour auxiliaires les
gendarmes? Non, encore, ceux-ci ayant une
tenue qui se voit de loin et ne leur permet
d'arrêter le braconnier que lorsqu'il est por-
teur du produit de ses larcins. Les remèdes
que nous croyons possibles seraient d'interdire
l'accès des bois du 1er février au 1er septembre
à tous ceux qui n'y ont ni propriétés à visiter, ni coupes à y façonner, et de déférer
aux tribunaux toutes personnes qui s'en appro-
cheraient à plus de dix mètres des rives; ce
serait encore d'embrigader tous les auxiliaires

de la justice et de leur donner pour mission de constater tous les crimes, délits ou contraventions dont ils seraient les témoins ou qui leur seraient dénoncés, quels que fussent le le lieu ou le territoire où les faits se seraient passés. Cet embrigadement avait été réclamé sous tous les gouvernements réguliers qui ont précédé celui de la République; est-ce le cas aujourd'hui de demander l'exécution d'une si sage mesure à un État qui revendique bien haut l'honneur de compter les braconniers au nombre de ses électeurs? Les intérêts des communes et tous autres peuvent-ils être comparés à l'intérêt électoral? Les élections, mais tout est là! et, pour faire triompher la nécessité politique, on se retranche derrière le vieil adage français : « Qui veut la fin, veut les moyens. »

Mais revenons aux hôtes de nos bois, assurément plus intéressants à observer que nos Édiles du jour, ceux-ci siégeraient-ils même sur une des chaises curules du Luxembourg.

LE LIÈVRE

Le Lièvre est un des moins rares. Cet animal, si gracieux dans ses allures, si admirablement charpenté pour la course, son seul moyen de défense, si bien doué au point de vue de l'ouïe, habite selon les saisons tantôt le bois, tantôt la plaine. Nous en connaissons trois variétés : le Lièvre commun, d'un pelage gris jaunâtre tâcheté de points noirs ; — le Lièvre du Rhin, d'un pelage plus foncé, avec tâches blanches le long du nez ; — le Lièvre de passage, d'un poil gris jaunâtre plus clair.

Nous avons observé le Lièvre du Rhin dans les forêts avoisinant Vézelise. Il est plus haut de pattes, moins large de reins, et cependant d'un poids supérieur à celui de ses congénères. Sa chair, plus longue et plus filandreuse, est moins délicate que celle de nos Lièvres véritablemement indigènes. Intrigué de savoir comment il avait été transporté si loin de son pays d'origine, on nous expliqua qu'un amateur de Ceintrey, chasseur platonique s'il en fut, fit venir des Lièvres d'Alsace, et leur donna la liberté dans le massif de bois s'étendant entre sa résidence et Flavigny-sur-Moselle; que pendant plusieurs années, il les dérangea peu, et facilita ainsi leur reproduction. C'est sans doute de là que vinrent les types que nous rencontrâmes dans les forêts de Vitrey et de Goviller. Ce disciple de Saint-Hubert, si peu semblable à ses successeurs, est mort depuis quelques années; la destruction des Lièvres du Rhin l'a suivi de près, et, pour notre part, nous en avons vu les derniers spécimens.

Le Lièvre de passage apparait en novembre, après la chûte des feuilles et avant la neige. Son poil n'est pas seulement d'un jaune plus clair, il a encore d'autres caractères distinctifs : ses pattes sont plus courtes, ses reins plus larges, son poids ne dépasse guère trois kilogrammes. Qui de nous n'a gémi de la ruine totale du gibier d'une forêt, et qui de nous n'a été surpris d'y retrouver à l'entrée de l'hiver plusieurs types du genre que nous signalons ? D'où viennent ces passants qui se font toujours chasser sous bois sans prendre la plaine, comme s'ils craignaient de ne plus retrouver l'abri qu'ils se sont momentanément choisis ? A quel pays vont-ils demander un asile contre les rigueurs de l'hiver ? Nous avouons en toute sincérité que c'est là un mystère. Bon nombre de chasseurs contestent l'existence du Lièvre de passage. Pour nous, le doute n'est plus possible, et nous pouvons ajouter par expérience que sa chair est délicate et savoureuse.

Le Lièvre indigène est le seul que nous voulons étudier pratiquement. Grâce à sa puissante fécondité, il en reste encore quelques sujets, et cependant que d'ennemis il a à redouter ! Il est sans cesse guetté par le Renard, le Loup, le Chat sauvage, le Putois, l'Écureuil, les Oiseaux de proie, l'Homme, et surtout le Braconnier, son adversaire implacable, qui poursuit sa destruction avec une tenacité, que la passion, unie à l'amour du lucre, peut seule expliquer.

Généralement la Hase, qui porte de 30 à 33 jours, met bas quatre fois par an. Elle fait de deux à trois levrauts. Les premiers viennent au monde à la fin de janvier ou au commencement de février, les deux autres suivent de deux mois en deux mois. Comme c'est le temps rigoureusement nécessaire pour l'allaitement, il faut en conclure, du reste avec beaucoup de naturalistes, et, ce que nous préférons, avec beaucoup d'observateurs, que la Hase redevient pleine après la première

période de l'allaitement. Celles, nées en janvier
ou février, deviennent mères en septembre suivant, bien qu'elles n'aient pas encore tout leur
développement qui demande une année. De là, la
cause de cette fécondité dont nous parlions plus
haut, fécondité capable de repeupler promptement nos forêts si l'Administration Forestière se
déclarait nettement l'ennemie du braconnage.
Mais ne nous laissons pas aller à une illusion
qui ne saurait trouver sa place dans les temps
où nous vivons.

Nous avons dit que les femelles redevenaient
pleines alors. qu'elles avaient encore les signes
extérieurs de la maternité, c'est-à-dire les mamelles plus développées, pendantes et dégarnies
de poils. Il a été facile au chasseur le moins
curieux d'en faire l'observation sans le vouloir :
N'a-t-il pas remarqué bien des fois qu'une Hase
tuée avait du lait dans les mamelles et des petits
dans le ventre ? Delà cette conclusion nécessaire
qu'elle recherche le bouquin pendant que sa petite
famille vit encore de son lait.

La Hase n'imite pas la Lapine en se creusant
un terrier; elle se contente de choisir une trouchée
de bois, elle y fait un gite sous les racines sans
prendre soin de l'amollir avec ses poils ou
d'autres substances soyeuses, et elle y dépose
ses petits. Néanmoins, elle les cache si merveil-

leusement qu'ils échappent presque toujours à leurs innombrables ennemis, et que de cette cachette ils bravent et la pluie, et la neige, et le froid. Une humidité persistante comme celle du printemps de 1879 les fait mourir; mais comment comprendre qu'ils aient pu, eux, des êtres si délicats, résister à l'hiver de 1879-1880 où ils sont nés par 25° de froid, température qu'il leur a fallu subir pendant quarante jours consécutifs sous une épaisse couche de neige de 30 à 40 centimètres ? L'expérience nous démontre que ce froid sibérien et cet amas de neige n'ont été un obstacle ni à leur existence, ni à leur développement, car cette année les Levrauts sont plus nombreux que l'année précédente.

Quel endroit de la forêt choisit donc la Hase pour sauvegarder ainsi les nombreuses générations qu'elle est appelée à élever? Les plateaux légèrement bombés, et sur ceux-ci l'inclinaison regardant le midi, et de préférence les rêles aux deux tiers de leur hauteur.

Le Lièvre se nourrit d'herbes et de légumes, et, à leur défaut, de jeunes pousses d'arbres. La finesse de sa chair dépend des lieux où il vit : elle est savoureuse s'il habite des bois calcaires où croît le serpolet; elle est moins recherchée s'il se tient habituellement dans des terrains où poussent les ajoncs et autres herbes

inodorantes. Le Lièvre ne cherche sa nourriture
que la nuit, c'est le moment de ses allées et de
ses venues. Le jour, il dort dans son gîte les
yeux ouverts ; il y reste autant par paresse que
par peur. Cette paresse est plus grande l'après-
dinée que le matin ; aussi semble-t-il à ce
moment de la journée se laisser plus facilement
arrêter en plaine et quitter moins vite le lieu de
sa retraite à l'approche des chiens courants.

Ce lieu de retraite n'est pas indifféremment
choisi : en temps normal, le Lièvre se tient dans
les taillis de trois à dix ans ; on le rencontre par
les grands vents dans les futaies ou perchers,
et en plaine du 15 octobre au 10 novembre lors
de la chute des feuilles. Il déteste l'humidité ;
de là sa prédilection pour les rêles et les plateaux,
de là aussi le motif qui le pousse à s'expatrier des
hautes montagnes des Vosges lorsque la neige
y est trop abondante, ou des plaines ayant un
sous-sol glaiseux lors des dégels ou des pluies
continues. Il vient s'abriter dans des terrains
calcaires et perméables comme les bois avoisinan.
Thiaucourt, qui, à un moment donné, recueillent
presque tous les Lièvres de la grande plaine de
la Woëvre. Au mois de septembre, le Lièvre
gîte sur la rive des bois ; au fur et à mesure que
ceux-ci s'éclaircissent en perdant leurs feuilles,
il s'enfonce, mais cependant sans trop s'éloigner

des rivages, semblant ainsi abandonner les fourrés aux autres animaux qui peuplent nos forêts.
La raison apparente de ce voisinage est la facilité
qu'il a d'aller en plaine pourvoir à ses besoins de
chaque jour.

Le Lièvre mâle ou Bouquin n'a pas de domicile
élu. Lorsqu'il est propre à la reproduction, il va
chercher fortune dans un rayon dépassant quelquefois quinze kilomètres. La Hase ou femelle
habite toujours le même bois s'il a peu de surface,
et la même partie de bois s'il a une grande
étendue. Ses familles y demeurent également, et
il est curieux de constater que les Levrauts,
lorsqu'ils abandonnent leur mère, gitent de 60
à 100 mètres du lieu de leur naissance, et
suivent par instinct les brisées de celle à laquelle
ils doivent la vie. Cette situation ne se modifie
que chez les mâles, lorsqu'ils ont atteint un
développement suffisant pour être reproducteurs.
L'existence nomade de ces derniers tient à ce
fait que dans les portées il y a toujours plus de
femelles que de mâles.

Les mœurs du Lièvre sont malheureusement
trop connus du braconnier: Lorsque dans un bois
de haute futaie il remarque des herbes brisées,
ou dans un taillis des brins coupés, il est à peu
près certain de la réussite en y plaçant un lacet.
S'il prend un Levraut, il sait qu'il y en a d'autres,

que la mère n'est pas éloignée d'eux, et il n'a de tranquillité que lorsqu'il a détruit toute la famille. Dans le taillis, il a l'œil assez exercé pour mesurer la hauteur des brins coupés : Si la pousse est rongée à vingt centimètres du sol, il a affaire à une Hase ; si elle est mangée à une plus grande hauteur, c'est un Bouquin par cette simple raison que celui-ci a les pattes plus hautes. Le braconnier est souvent assez habile pour juger à première vue de l'endroit où se tient le Lièvre : si, en parcourant le périmètre d'un bois, il ne remarque ni coulées faites, ni brins mangés, lui-même ouvre une ligne et finit toujours par y attirer celui qui doit être sa victime.

Le choix du moment pour le placement des lacets est loin d'être indifférent. Le braconnier sait autant par intuition que par expérience qu'il faut tendre surtout en vieille lune, « à ces différentes époques de l'année, me disait l'un d'eux, on les prend par bourrées. » Il sait aussi que le moment propice pour attirer les Hases dans les collets est celui où elles vont mettre bas, en février, avril, juin et août, parce que dans cet état elles ne cessent d'aller et de venir en quête du tronc d'arbre ou du dessous de racines où elles déposeront leurs petits. Elles laissent trace de ces allées et venues, c'est leur mort ; comme le placement d'engins aux époques que nous venons d'indiquer, c'est la destruction complète du Lièvre. On compte en effet qu'une Hase, prise en février, avril, juin ou août, est une diminution de dix Lièvres pour une seule année; la vie du Lièvre étant de sept ou huit années, c'est donc soixante-dix ou quatre-vingt Lièvres qui disparaissent avec une seule Hase étranglée. En présence de ce calcul plutôt amoindri qu'exagéré, nous demanderons à l'administration forestière si elle juge toute surveillance inutile pour assurer la propagation d'un gibier qui fait le charme de nos bois, sans nuire en quoi que ce soit aux récoltes qui les avoisinent.

Le braconnier a un engin spécial pour le Lièvre; il consiste en un fil de laiton auquel il donne la forme ronde et qu'il attache à un arbre ou à un coudrier à quinze ou vingt centimètres du sol, tantôt à l'extrémité d'une coulée ou d'une ligne de brins coupés, tantôt dans une trouchée de bois voisine. S'il n'y a ni arbre, ni coudrier pour retenir l'engin, il utilise une racine, au besoin même une pierre. Le fil de laiton, pour perdre son goût originaire et faire disparaître son brillant, ce qui serait de nature à faire rebrousser chemin à la victime, est préalablement cuit dans un feu allumé avec de la paille d'avoine. Ainsi noirci, il ne sent plus rien et n'est plus un épouvantail, même par le clair de lune. On

nous a raconté que beaucoup de braconniers
déposaient des amorces dans différents endroits,
et les visitaient dans la matinée du lendemain ;
qu'à la place de celles qui avaient disparu, ils
plaçaient un lacet avec la presque certitude du
succès. Ce procédé est battu en brèche par
d'autres braconniers, au nombre desquels notre
érudit, qui soutiennent que si l'amorce est nécessaire pour attirer certains oiseaux, comme la
grive et le merle, il ne saurait en être de même
du Lièvre ; que tout dépend du choix de l'emplacement et de l'état de la matière employée ; que
ces deux conditions réunies, un tendeur de Vittel
avait pris dix-huit Lièvres dans l'espace de
quatre jours.

Chose curieuse à noter, certains colleteurs, se
plaignant de la rapacité de leurs collègues, vous
disent naïvement que si on se contentait de
tendre de septembre à janvier, le Lièvre étant
redevenu commun, il y aurait place au soleil
pour eux comme pour les chasseurs ; que les
courses au bois ne seraient plus des corvées pour
l'un comme pour l'autre ; que peut-être même on
y ferait bon ménage, et que de cette cordiale
entente naîtrait des droits acquis que de par la
force des choses chacun respecterait. Qui de
nous, disciples de Saint-Hubert, se serait jamais
douté d'un pareil raisonnement ? Qui de nous

surtout aurait pensé que les coureurs de bois se divisaient en radicaux et en conservateurs ? Allons, encore un peu de progrès, et les habiles du lacet auront leur prose quotidienne, et l'on y verra les tories soutenir que, tendre au delà de la période de septembre à janvier, c'est compromettre une industrie qui est fructueuse et qui a chance de le devenir toujours davantage ; et les wighs prendre pour devise : « Un bon tient vaut mieux que deux tu auras, » et bâtir sur cet adage leurs théories destructives.

Le braconnage, qui étend ses ravages surtout sur le Lièvre, parce que ses mœurs sont plus faciles à connaître, parce que le prix qu'il en retire est rémunérateur et augmente chaque jour, prive le chasseur d'une de ses plus pures jouissances et lui enlève un droit qu'il acquiert chaque année en grossissant la caisse du percepteur. Rien en effet n'offre plus d'attraits que de mettre sur pied ce gracieux animal. Selon la fortune des oisifs, il peut être lancé par un chien, par plusieurs ou par une meute. De la rive, d'une tranchée ou d'une des lignes du bois le chasseur suit avec attention le travail de ses chiens. Lorsque sur la lisière ou dans l'intérieur du fourré ceux-ci trouvent une piste de la nuit précédente, ils la signalent à leur maître par un aboiement; lorsqu'ils se rapprochent du lieu de la retraite de la bête, les aboiements redoublent ; lorsqu'ils arrivent à l'endroit même où elle était gîtée, les cris redoublent encore. « C'est lancé » se dit le chasseur aux écoutes, et en toute hâte il gagne le poste que son expérience en matière cynégétique et sa connaissance de la forêt lui indiquent comme étant celui probable où le gibier passera. S'il arrive assez à temps et à une distance n'excédant pas quatre-vingt mètres, tout en mettant son arme à l'épaule, il pourra remarquer l'admirable conformation de cet hôte des bois, la grande facilité de ses mouvements, sa puissante ouïe garantie au dehors par deux longues oreilles qu'il tient gracieusement dressées pour écouter ceux qui le poursuivent, la façon dont il s'assied sur ses pattes de derrière plus longues que celles du devant, le rendant ainsi plus apte à grimper des collines qu'à les descendre, sa marche qui se fait sans bruit grâce aux poils dont ses pattes sont garnies. S'il présente ses flancs, il y a chance *pour le coffrer,* et pour aller le ramasser à peu de distance du coup de fusil ; s'il vient sur vous, qu'il ne peut voir en face, laissez-le approcher, et ne tirez qu'à une distance maximum de vingt mètres en visant la rotule ; prendre la tête comme point de mire, c'est s'exposer à laisser courir la bête, la boîte osseuse de cette partie du corps étant résistante et laissant glisser le plomb sur sa surface en biais ; si elle fuit devant vous, vous n'avez chance de l'atteindre qu'en dirigeant votre guidon entre ses deux oreilles, le train de derrière étant très-charnu et laissant pénétrer le plomb sans compromettre la vie de l'animal et sans même diminuer son allure. Ne croyez pas qu'il est à vous si votre arme lui brise une de ses longues pattes ; avec cette blessure et son énergie il défiera les chiens, gagnera de vitesse sur eux, et il détruira vos espérances et vos investigations. Vous aurez travaillé dans l'intérêt des nombreux ennemis qui l'entourent, et surtout du Renard, lorsque le Lièvre, las d'une course effrénée, malade de la blessure que vous lui aurez faite, se sera blotti dans une des coudrières de la forêt.

Que de péripéties avant que le Lièvre ne gagne la plaine pour se dérober aux chiens ! Il ne fuit pas en ligne droite devant eux, il fait des crochets et revient sur ses pas pour rompre sa piste. Ces manœuvres lui sont dictées par un instinct de conservation. La Hase, qui est pleine ou qui allaite, marche encore par soubresauts plus multipliés, en cherchant ainsi à mettre à l'abri sa famille née ou à naître. Le chasseur devine l'allure que prend le gibier au travail de ses chiens : Lorsqu'ils se taisent soit après avoir annoncé une piste, soit après le lancer, ils sont en défaut et guettent pour retrouver le passage. Le Lièvre a peu d'avance sur les chiens tant qu'il tient le fourré, mais il en gagne une fois qu'en plaine il se sent à découvert. Là, il va probablement échapper à la poursuite de celui qui l'a dérangé de son abri ; mais s'il s'est blotti derrière une motte de terre, ou s'il a demandé asile à un sillon garni de la récolte, il a à compter avec le chasseur de plaine, qui souvent ne dirige ses pas de son côté que parcequ'il sait que le gibier de la forêt voisine a été mis sur pied dans la matinée.

Comment chercher à joindre le Bouquin et surtout la Hase qui tournent, crochètent et démontrent qu'il ne veulent pas quitter le bois ? Il faut profiter de l'expérience des chasses précédentes qui ont fait connaitre l'endroit du lancer, les allures de la bête lorsqu'elle s'est levée, le lieu où elle s'est déjà fait battre, et chercher à pénétrer dans une des lignes de l'enceinte. Tout donne à penser qu'elle finira par passer à portée. En langage cynégétique, *on coupe* ainsi la chasse.

Il y a certaines époques de l'année, du 15 décembre au 15 janvier par exemple, où le chasseur peut assister à découvert à la mort du Lièvre, même sans l'avoir tiré. Ce moment est le temps des amours. Les fatigues de la nuit lui ont enlevé pour le jour toute son énergie ; après

une heure ou deux de course en plaine, malgré
des crochets sans nombre, ses pattes se rai-
dissent, et il tombe devant la meute. *Il est forcé.*
Cette poursuite, qui lui a coûté la vie, lui enlève
toute saveur, et il est bon de la part du maître
de manifester aux chiens son contentement en les
faisant profiter du résultat de leurs efforts. Tous
comprendront, au reste, que le partage en pareil
cas est un encouragement pour les habitants du
chenil, lorsqu'ils sauront que le chien courant,
en véritable égoïste, chasse pour lui, et que cet
acharnement, qu'il met à la poursuite du Lièvre,
n'est pas précisément la conséquence d'une éducation longuement préparée et d'une grande fidé-
lité à l'endroit de son maître, mais est bien plutôt
la satisfaction d'un instinct vorace. Avis donc
aux chasseurs qui ont blessé un Lièvre ! Qu'ils
emboîtent le pas à la meute s'ils tiennent à
remporter leur victime intacte ! Qu'ils cherchent
à éviter notre aventure d'il y a quelques années
dans la forêt de Corny, celle d'arriver après le
partage de la conquête, de ne plus voir qu'un
atome de sa peau, et de n'être accueilli que par
des grognements désapprobateurs et menaçants.
Un fait de ce genre n'est pas le seul à inscrire
sur nos tablettes.

4

LE RENARD

Un autre habitant de nos bois est *le Renard*. Lorsqu'il est dérangé de son lieu de retraite, il est superbe en traversant les lignes de nos forêts : un museau d'une grande finesse, des yeux flamboyants qui indiquent la férocité, un buste bien ramassé et garni d'une belle fourrure, une queue longue et bien fournie qu'il tient horizontalement lorsqu'il fuit devant les chiens, tel est l'animal dont nous voulons dire quelques mots.

Le Renard est peut-être le gibier préféré de la plupart de nos chiens courants. Il leur faut en effet peu d'efforts pour suivre sa piste, une odeur nauséabonde s'attachant à chacun de ses pas. Aussi, comme ils le chassent avec régularité ! Pas de défauts et toujours de la voix ! Lorsque le sol n'a pas encore son manteau d'hiver; lorsque le vent n'agite ni les coudrières, ni les cimes des arbres; lorque le froid n'est pas encore assez

intense pour obliger le chasseur à de nombreux
déplacements, comme il écoute avec plaisir les
aboiements de sa meute, tout en se tenant prêt
à serrer l'animal poursuivi ! Mais, que de précautions pour le laisser venir jusqu'à lui : être
contre le vent, ne pas donner signe de vie, se
dérober de son mieux derrière le tronc d'un gros
arbre où la trouchée la plus fournie. Par un temps
calme, lorsqu'une gelée légère a raidi la terre et
rendu les feuilles sonnantes, lorsque la chûte de
celles-ci permet à l'œil de voir à quelques mètres
devant lui, il est assez facile d'arriver à frapper
sa victime.

Le Renard a des habitudes bien connues : Le
jour, il reste dans son terrier, qu'il creuse le
plus souvent dans une roche lorsque celle-ci n'a
pas quelque fissure qu'il peut utiliser, ou sous la
racine d'un gros arbre lorsque le bois qu'il habite
n'a aucune masse calcaire ; parfois aussi, il
établit ce terrier sous le sol, et il est rare en
pareil cas qu'il soit seul dans un faible rayon,
comme si ce terrier, étant trop à découvert, avait
besoin d'un voisinage ami pour le défendre en
cas d'alerte ou d'attaque. Quelque soit l'endroit
choisi, deux issues sont ménagées, en sorte que
l'une permet de fuir, lorsque l'autre est gardée
par les chiens, ou qu'on essaie d'asphyxier le
Renard en y brûlant des feuilles ou des branches

humides. Si donc les braconniers, qui procèdent à ce travail lorsque le froid a donné à sa fourrure toute sa richesse, veulent arriver au succès, qu'ils cherchent avant tout les deux issues du terrier, qu'ils bouchent l'une à l'aide de larges pierres, qu'ils mettent le feu aux matières inflammables amassées à l'entrée de l'autre, et, pour le cas où le repaire a des habitants, il les trouveront le lendemain mort contre les dalles, qu'ils auront en vain essayé de déplacer en usant d'efforts suprêmes. S'ils regardent de près la face des dalles tournées du côté du terrier, ils remarqueront la trace de ces efforts aux raies imprégnées dans la pierre par ses griffes, que le chasseur doit redouter autant que sa mâchoire lorsque le Renard n'est que blessé.

En novembre et pendant le reste de l'hiver, le Renard sort du terrier vers midi, lorsque le soleil dore la tête de la forêt. Dans un pareil moment une battue a grande chance de réussir, et il nous souvient de deux journées à inscrire sur les tablettes d'un chasseur où 51 Renards, dérangés par les traqueurs, vinrent braver la fusillade des Nemrods de Thiaucourt et de Pont-à-Mousson dans les bois avoisinant la forêt de Mormart. Grâce à leur maladresse, peu habituelle cependant, 19 seulement restèrent sur le carreau. Il fallut une voiture pour ramener les victimes, le poids de chacune étant au moins de dix kilogrammes.

Parfois aussi, le Renard se gite dans la forêt et se couche sur la mousse ou entre les racines d'un gros arbre. Il sait choisir son lieu de repos dans la partie la plus fourrée du bois, inaccessible au chasseur aussi bien qu'au maraudeur.

La nuit venue, le Renard quitte le terrier ou son gite de la journée, et, en quête de sa nourriture, il parcourt tantôt la plaine, tantôt la forêt. Frugivore, mais surtout grand carnivore, il s'attaque aussi bien aux animaux morts qu'à tous les volatiles et aux fauves d'une taille inférieure à la sienne. Il est très-friand de souris, qu'il va chercher jusqu'au fond de leurs couloirs souterrains en grattant la terre avec ses griffes puissantes, et il a été remarqué que les années où les souris abondaient, il y avait beaucoup de Lièvres. Ce charmant hôte de nos bois compte le Renard au nombre de ses ennemis les plus acharnés: blessé, il devient sa victime; quelquefois, il se laisse surprendre par cet animal, dont l'odorat est d'une exquise finesse; le plus souvent, celui-ci le chasse comme un véritable chien courant, en faisant entendre des aboiements aigres et peu multipliés. Cette chasse commence avec la nuit et a lieu surtout au moment où les Renardeaux quittent le terrier pour apprendre à la suite de leurs parents les allées et les venues de la forêt. Comme il faut développer leurs instincts carnivores et leur donner le moyen de les satisfaire, le père course le Lièvre en aboyant, pendant que la mère, en embuscade, le guette. Si le pauvre Lièvre vient à passer, il est coiffé par la Renarde, mis à mort d'un coup de dents aux reins, et rapporté au terrier pour le festin de la famille.

Cette famille, qui naît sous terre, se compose de six à sept petits, hideux à voir pendant la première quinzaine de leur naissance : Un museau informe, des poils d'un noir terne, quelques taches bleuâtres, des pattes à peine visibles, une queue courte et dégarnie comme celle d'un lézard, tout y est repoussant. A la mi-juin seulement, l'allaitement cesse, et, à compter de cette époque, le Renardeau pourvoit à ses besoins en vivant d'herbe, de fruits sauvages et de souris, n'ayant encore ni assez d'astuce, ni une allure assez rapide pour songer au festin délicat dont il a pris sa part à l'entrée du terrier paternel. En septembre, il est déjà assez fort pour se dérober à la poursuite des chiens ; de loin, il est reconnaissable à son pelage peu fourni, à sa queue peu épaisse, à son corps sans largeur. Bien qu'il lui faille presque deux années pour atteindre son complet développement, il peut au

bout d'une année être selon son sexe repro-
ducteur ou mère de famille.

Nous en avons dit assez pour faire comprendre
l'intérêt que le chasseur et le braconnier ont à sa
destruction. Le chasseur notamment poursuit un
triple objectif en prêtant attention à un Renard
lancé : il a la joie qu'on éprouve en entendant les
échos du vallon retentir des aboiements de ses
chiens ; il profite, s'il a le succès, d'une fourrure
qui tient bien sa place, même dans les chambres
à coucher les plus richement meublées ; il assure
la conservation de Lièvres, de Bécasses, de
Gélinottes, et favorise par suite la propagation
du gibier qui lui procurera le plus noble et le
plus utile de tous ses plaisirs.

Nous l'avons dit plus haut, lorsque le temps
est calme et le froid peu rigoureux, le Renard a
grande chance d'appartenir au chasseur qui le
suit, à la condition toutefois qu'il connaîtra ses
allures : il suit ordinairement les rêles aux deux
tiers de leur hauteur ; une fois sur pied, il décrit
de vastes cercles s'il ne se terre pas, et, en se
plaçant sur une des lignes qu'il a parcourues une
première fois, il a l'espoir de faire feu. Chose
à remarquer, lorsque le Renard est vivement
pressé par la meute, il ne se dérobe plus en
gagnant son terrier s'il ne le fait après une
demi-heure ou trois quarts d'heure de course.

C'est un instinct de conservation qui le guide. En effet, après un lancer d'une heure, son épaisse fourrure commence à s'imprégner de sueur, et, en se réfugiant dans son humide retraite, tout en évitant la poursuite des chiens et les atteintes du chasseur, il risquerait sa vie. Si donc son ennemi connaît cette retraite parce que déjà la bête a suivi une pareille voie, qu'il aille se blottir à portée pendant la première heure; celle-ci passée, qu'il gagne au plus vite le cercle déjà parcouru, et qu'il attende avec patience et attention, même s'il est trop éloigné pour se rendre compte des péripéties de la chasse. La bête reviendra infailliblement sur ses brisées, si, chemin faisant, elle n'a pas été jetée hors de sa voie par quelque rencontre gênante. Et surtout, dans un pareil moment, qu'on laisse dans le filet de son carnier sa pipe, son étui à cigarres ou son paquet de cigarettes, l'odorat subtil du Renard sachant en aspirer assez à temps le goût pour le prévenir qu'il a devant lui un écueil périlleux à franchir.

Cette finesse d'odorat disparaît au temps des amours, c'est-à-dire en novembre. Souvent alors on trouve le Renard dans un coupon de bois de peu d'étendue avec deux et même trois de ses congénères du même sexe. La lutte de la nuit, qui se traduit au dehors par des échancrures

dans la fourrure et des coups de griffes le long
du museau, étourdit le Renard au point que,
dérangé par des chiens, il vient au chasseur,
sans se douter que sur la piste qu'il parcourt il
va trouver un ennemi. Il n'a pas non plus à
ce moment cette allure énergique qui donne
tant de légéreté à ses mouvements ; il est lourd
et ressemble quelque peu à ces Louvards de
septembre dont le corps, en se balançant de
gauche à droite ou de droite à gauche, indique
une conformation à peine ébauchée.

Une autre observation à faire sur ce fauve
de nos bois, c'est que blessé toute son énergie
disparaît. Il reste sur le carreau, ne montrant
plus pour sa défense que ses griffes et sa mâchoire ; ou, si le train du devant est intact, il
essaie de se trainer, mais avec une lourdeur qui
indique que son mal lui a enlevé toute volonté de
fuir. Quelle différence à faire en un pareil état
entre lui et le Lièvre ! Celui-ci, criblé de plombs,
va toujours jusqu'au moment où il tombe.

Une indication pour le chasseur, c'est la
coulée que fait le Renard à l'endroit de son
passage habituel, et, s'il n'est pas serré de trop
près par les chiens, il la suit presque toujours.
A la largeur de cette coulée on peut dire sans se
tromper si elle est l'œuvre d'un Renard, d'un
Loup ou d'un Sanglier.

Pour prendre le Renard, le braconnier se sert d'un fer, qu'il dissimule sous des feuillages et qu'il recouvre d'un morceau de viande. Ce fer, qui a quelque analogie avec celui usité pour les taupes, prend l'animal par la patte. Le lendemain, lorsque le tendeur visite ses pièges, il les trouve souvent à une distance assez grande du lieu où ils les avait placés ; c'est que le Renard est parvenu à l'aide d'efforts multipliés à l'arracher de l'obstacle qui le retenait, et qu'il a utilisé ses dernières forces à s'éloigner en se dirigeant vers son terrier. Qu'il est beau à voir son fer à la patte, sa langue rose à demi-pendante et ses yeux lançant des éclairs ! Parfois, voulant se débarrasser de son piège, même au péril de sa vie, il se délivre en coupant sa patte avec ses dents. La nature remplace le médecin après l'amputation, elle referme les veines dont la bête lèche le sang à mesure qu'il s'échappe et lui forme un mognon avec lequel il peut pourvoir à tous ses besoins, et même échapper par la suite à ses ennemis. C'est ainsi qu'en 1876, les chasseurs de Thiaucourt lancèrent dans une vigne de son territoire un Renard, dont l'une des pattes de derrière était amputée jusqu'à l'articulation.

On a toujours soutenu que la viande du Renard ne pouvait être utilisée à cause de son goût pro-

noncé. Les braconniers la mangent après l'avoir
exposée à la gelée pendant quinze jours environ ;
d'autres prétendent que préparée d'une certaine
façon, elle devient succulente. Cette préparation
consisterait à la faire bouillir comme de la viande
de bœuf et à l'écumer soigneusement. Avec cette
écume tout goût désagréable disparaîtrait. La
viande, ainsi débarrassée de ses éléments fétides,
et relevée d'assaisonnements, deviendrait excel-
lente. Nous n'avons pas vérifié l'exactitude de
ce procédé à cause du dégoût naturel que nous
inspire le Renard au point de vue alimentaire. A
d'autres ce soin.

LE LOUP

Puisque nous parlons des viandes équivoques, disons quelques mots d'un fauve dont la chair est ou distribuée aux habitants du chenil, ou abandonnée aux carnassiers sauvages.

Nous voulons parler du *Loup*. C'est une des bêtes dangereuses des forêts de l'Est dont il n'habite que les fourrés les plus inaccessibles et les plus retirés. Il est de la taille d'un gros chien dont il est le congénère sauvage. Sa large tête un peu aplatie, sa puissante mâchoire, son corps long et sec, ses pattes nerveuses, tout chez lui est le signe de la force ; ses yeux flamboyants, qui ressemblent la nuit à deux véritables lumières, sont celui de la férocité.

Le Loup, qui ne quitte ordinairement son repaire que la nuit, voyage peu en troupes ; on ne le voit en bandes que par les froids les plus rigoureux de l'hiver ; il semble qu'il appelle à lui du secours, lorsque, la terre étant trop profondément gelée pour en déterrer sa nourriture, lorsqu'il a détruit tout le petit gibier des bois où il séjourne, il lui faut attaquer des troupeaux, et même l'homme pour satisfaire sa faim. C'est dans ces circonstances que des charbonniers de la forêt des Rinchards, laquelle fait partie de l'énorme massif forestier s'étendant entre Toul et Neufchâteau, en virent rôder autour de leurs cabanes forestières des bandes variant de douze à vingt.

En temps normal, le Loup est seul, comme si par un sentiment d'égoïsme il voulait profiter seul des victimes qu'il peut saisir. Il se tient alors dans des bois d'une petite surface, où croissent l'épine noire, les ronces et toutes lianes à pointes aiguës. Avec sa peau épaisse recouverte d'une bourre de crins jaunâtre, et par dessus de poils jaunes et noirs, il sait défier ce qui fait rebrousser l'homme et le chasseur. De ce repaire, le plus souvent voisin de hameaux ou de demeures isolées, il dépiste à l'avance, grâce à son odorat exquis, la proie qui lui servira de nourriture. Grand carnassier, il s'acharne sur les cadavres, se jette sur les troupeaux qui parquent la nuit dans la campagne, et tourne autour des habitations, surtout autour des maisons de ferme. Malheur aux moutons et aux

volailles qui ne sont pas rentrés à l'étable !
Malheur même aux chats qui ont quitté leurs
greniers pour aller à la maraude ! Ils sont les
uns et les autres bien exposés à être emportés
dans le repaire qui lui sert d'asile pendant le
jour. Lorsque le hasard fait découvrir cet asile,
on y trouve la trace du vaste appétit du Loup
par les carcasses et les pattes d'animaux qui
gisent çà et là autour de sa bauge.

Le Loup, parfois audacieux outre mesure,
traverse la plaine pendant le jour, vient mettre
le désordre parmi les animaux qui sont au pâtu-
rage malgré la présence de leur gardien et du
chien qui veille à leur sûreté, quelquefois même
suit l'homme en laissant entr'eux une intervalle
de 50 à 100 mètres. On a observé que le Loup
avait ces allures d'avril à août, sans doute parce
que par instinct il n'a plus à redouter le chasseur,
et que d'autre part la nourriture de sa jeune
famille réclame de lui des incursions plus nombreuses.

La Louve ne fait qu'une portée chaque année ;
elle devient pleine à la fin de novembre et met
bas à la fin de janvier, sa gestation étant comme
celle de la chienne de 60 à 63 jours. Sa famille
est de cinq à sept Louvards, qu'elle allaite jusqu'en juillet. Elle choisit pour les mettre au
monde un fourré voisin d'une mare ou d'un cours

d'eau, les grands comme les petits ayant souvent besoin de satisfaire leur soif. Cette observation résulte de la coulée que font ces animaux ; en la suivant, on arrive presque toujours à une rivière ou à un trou d'eau, et on voit parfaitement leurs traces sur la terre humide des bords, figurées par une étoile parfaitement arrondie. C'est cette étoile qui, en temps de neige, permet au traqueur de rabattre des Loups dans une enceinte.

Le Loup n'a tout son développement qu'à quatre ans. Son poids varie alors de 35 à 45 kilogrammes ; mais, après deux années, le mâle sert d'étalon et la femelle est mère. Au mois de septembre de l'année de sa naissance, le Louvard pèse de 12 à 15 kilogrammes. Quoique étant déjà carnivore, il n'est pas rapide dans son allure : sa tête est mal conformée, son corps est ballotant, ses pattes sont trop faibles encore pour en supporter le poids, lorsqu'il est longtemps en mouvement.

La chasse du Loup est une des plus recherchées. On l'attaque avec des chiens ou en battue. Lorsqu'il y a des feuilles, il ne faut chercher à poursuivre que le Louvard ; son peu d'énergie, son allure peu vive sont des causes de succès pour le chasseur expérimenté, surtout lorsqu'il est aidé par des chiens tenaces et de grand pied.

Pour notre compte, nous avons éprouvé de bien douces jouissances en attaquant le Louvard et en commançant par lui la période d'ouverture. Il nous souvient qu'en 1874 et 1875 nous débutâmes à la chasse en mettant sur pied une famille de Louvards. Après une heure de suite, le premier était sur le carreau. L'un de nos amis eut l'ingénieuse idée d'accoupler les chiens et de les conduire à l'endroit du premier lancer, persuadé que la Louve et ses petits, qui s'étaient dérobés, étaient revenus à leurs bauges. La chasse reprit aussitôt, et une heure et demie après nous eûmes la chance d'abattre à quelques pas de la rive le frère de la première victime. L'essai ayant pleinement réussi, les chiens furent accouplés de nouveau et reconduits au lieu du début de la journée. Après quelques minutes eut lieu un troisième lancer, qui, à ses allures et aux aboiements multipliés de la meute, nous indiqua qu'un troisième Louvard était sur pied. Nous suivîmes cette troisième chasse de toute la vitesse de nos jambes. Le soleil brûlant, les courses précédentes, l'heure venue de se retirer sous le feuillage pour y prendre son repas, rien ne put nous empêcher d'être derrière les chiens. Nous en fûmes récompensés : à une heure de l'après-dinée, le Louvard, épuisé de fatigue et ne sachant plus quel parti prendre, se jeta en plaine et essaya de faire face à ses ennemis. Ceux-ci se jetèrent résolument sur lui, et lui arrachèrent la vie en l'écartelant. Nous étions à quelques pas d'eux le témoin tout à la fois de ce succès et de cet acte d'énergie. Nous applaudimes les vainqueurs en leur prodiguant nos caresses. C'était la troisième victime. Nos trois victimes pesaient chacune environ 15 kilogrammes. Les chiens un peu épuisés de cette triple course, nous les laissâmes souffler en prenant notre repas sur le talus de la rive. Un Renard et deux Lièvres furent les derniers résultats d'une journée qui restera célèbre dans nos souvenirs de chasseur. Le lendemain, nous retournâmes au lieu du lancer de la veille. La Louve et le reste de sa famille, trop tourmentés sans doute, avaient changé de retraite.

Après quelques jours de chasse, je quittai nos amis, avec la promesse que s'il y avait encore une ou plusieurs portées de Loups l'année suivante on débuterait en les attaquant. Le moment venu, le piqueur de l'un deux fit le bois avec un limier, et put s'assurer aux allures de la bête qu'il tenait en laisse et à certains indices qu'il rencontra sur sa route qu'il y avait une portée de Loups dans leurs forêts. Le jour de l'ouverture, nous y dirigeâmes toute la meute, et le piqueur entra sous bois pour l'appuyer. Un quart-d'heure après, nous reconnûmes aux cris répétés des chiens qu'une grande bête était sur pied. Quoique vaillamment conduite, elle tint le fourré, et se laissa apercevoir par chacun de nous, mais à une trop grande distance pour nous permettre de la serrer. Après deux heures de course, elle s'accula à un chêne et fit tête aux chiens, qui, tout haletants, étaient en cercle autour d'elle. L'un de nous s'approcha, et, profitant du moment où il ne trouvait que la bête au bout de son arme, il fit feu. Elle roula, et sur elle les sept chiens qui la poursuivaient. Notre ami revint de la tranchée, trainant un gros Louvard, qui fut malheureusement notre seule victime de cette espèce pendant la journée. Il est bien juste de dire que le théâtre de ces exploits fut le massif forestier comprenant les bois d'Alamont, de Dompierre, de Pareid et de Saint-Jean, et que l'un des heureux fut M. D...., chez lequel se pratique et s'est toujours pratiquée l'hospitalité la plus large et la plus cordiale.

Le grand Loup ne peut guère être attaqué que l'hiver. Lorsqu'il est sur pied, il exige du chasseur une circonspection et une vigilance exeptionnelle : être sous le vent, ne pas fumer, ne pas remuer à son poste, avoir l'arme à l'épaule, s'effacer de son mieux, porter ses regards devant soi, à droite et à gauche, telles sont les conditions que le succès impose au chasseur. Il ne faut pas seulement se mettre sur ses gardes lorsque la chasse approche, il est nécessaire d'être toujours prêt, le Loup ayant tantôt beaucoup d'avance sur les chiens, tantôt se tenant à quelques mètres devant eux. Rarement il leur fait ferme ; il serait possible cependant de citer plusieurs faits où le Loup a été tiré assis sur son train de derrière, et défiant ses ennemis en les menaçant de sa mâchoire béante. Nous pourrions citer aussi des faits de même nature concernant le Renard. Mais, répétons-le, ces cas sont l'exception.

Lorsqu'il y a de la neige, on attaque le Loup avec ou sans chiens, et on est presque certain de faire feu. C'est une battue ou une traque. Un rabatteur habile part au point du jour et recherche sur la neige la trace de l'animal. Celle-ci trouvée, il la suit jusque dans l'intérieur du bois. A ce point, il l'abandonne et décrit un cercle plus ou moins vaste selon les lignes qui existent dans la forêt. Si, ce cercle parcouru, il ne trouve pas de sortie, il est certain que la bête est dans son intérieur. On appelle les chasseurs, on les place sous le vent et sur une ligne formant un angle. Le chef des rabatteurs donne ensuite par un coup de corne le signal de l'attaque. Ses hommes, échelonnés sur les autres côtés de l'enceinte, marchent en criant et en frappant les arbres avec des bâtons. Tout le gibier, qui se trouve dans cette enceinte, se lève, et, pour éviter ceux qui avancent sur lui, il franchit la ligne garnie de tireurs. Lorsqu'un ou plusieurs Loups sont sur pied, il est facile de les voir à travers les coudrières nues aller à petits pas, se jeter tantôt à droite, tantôt à gauche, chercher l'endroit le moins périlleux à franchir, et ne se décider à passer que quand ils se sentent pressés par les traqueurs. Ces manœuvres ont quelquefois pour résultat de laisser les Loups dans le coupon du bois, bien qu'il ait été traversé par la bande des rabatteurs. C'est à leur chef qu'est réservé le soin de prendre la piste d'entrée, et de la suivre avec ou sans roquêts. Lorsqu'il a une grande expérience de son métier, il voit aux étoiles imprimées sur la neige si la bête se jette à droite ou à gauche de la ligne des tireurs ; il a le devoir de les avertir de se tenir sur leurs gardes par ces simples mots : à droite....., à gauche.

Si la battue a fait faire des victimes, il est d'usage dans certaines régions de l'Est de les laisser aux traqueurs comme prix de leurs efforts. Ils exhibent ces victimes de porte en porte, de village en village, et chaque habitant paie cette vue de quelques pièces de monnaie, de vin et d'eau-de-vie. Quant à l'heureux tueur, outre une pièce blanche donnée au chef de la brigade, il a encore à racheter la fourrure de sa bête, s'il tient à avoir chez lui la preuve de son adresse.

Ces sortes de battues se pratiquaient autrefois à Gorze tous les jours de neige, lorsqu'il y avait à proximité de cette petite ville un clos d'équarrissage. Chaque année, le nombre des victimes était de 30 à 40. La profession de rabatteur était alors un métier fructueux. Aujourd'hui, il se fait encore des battues, mais en moins grand nombre que jadis, les Loups étant plus rares depuis la disparition du charnier, et les Sangliers ayant fait leur apparition dans ce pays, et absorbant dès lors une partie des efforts des chasseurs.

On affûte également le Loup. Pour l'attirer, on dépose sur la rive de la forêt le cadavre d'un cheval, d'une vache ou de tous autres animaux ; on se tient à quelques mètres sous bois et sous le vent, et lorsque le fauve vient satisfaire ses instincts carnassiers, on le serre. Rarement on échappe sa proie, celle-ci étant un but presque fixe à atteindre. Nous connaissons un chasseur qui affûte le Loup et le Renard d'une manière qui mérite d'être notée : habitant une maison de ferme isolée située à quelques mètres de la forêt, il dépose une bête morte sous les fenêtres de sa chambre à coucher, il attache à celle-ci une

ficelle qui traverse l'entablement de la fenêtre
et s'enroule à son bras. Le fauve, en tirant le
cadavre en tous sens, réveille le chasseur. Se
levant alors sournoisement, il fait feu sur elle
par un carreau mobile et seulement poussé.
Chaque année, il abat ainsi trois ou quatre Loups
et un même nombre de Renards.

La fourrure du Loup étant recherchée, le braconnier met autant d'ardeur à le prendre que le
chasseur à le poursuivre. Jadis, il employait un
fer en tous points semblable à celui du Renard,
mais de plus forte dimension. Ce fer était dissi-
mulé par du feuillage sur lequel un appas, le
plus souvent de la viande. Il creusait aussi une
fosse dont l'entrée était recouverte de branchages,
et sur cette entrée il plaçait des amorces. La
gloutonnerie du Loup l'empêchait de voir le piège,
et il tombait dans le trou, dit *Louvière,* assez
profond, ayant la forme ovoïde et l'ouverture
assez étroite pour rendre son évasion impossible.
Dans notre enfance, nous avons plusieurs fois
vu de ces fauves dans la fosse, fort pénauds de
leur situation et s'y acculant dans le coin le plus
retiré.

Les deux procédés, qui viennent d'être décrits,
sont aujourd'hui abandonnés ; le seul actuelle-
ment employé est la strichine. On met une boulette, empoisonnée à l'aide de ce toxide puissant

dans un cadavre déposé au coin d'un bois. Le Loup, en venant s'en repaître, avale cette boulette qui le laisse sur le carreau à une certaine distance. Le placement de la boulette est pour beaucoup dans le succès : si elle est sous l'épiderme et qu'elle fasse partie du premier morceau avalé, le Loup rend le tout et a la vie sauve ; si, au contraire, elle est absorbée quelques instants après le dépècement du cadavre, grâce à la gloutonnerie du fauve, la mort s'ensuit. Le premier résultat a pu être observé par les déjections laissées sur place.

Grâce à sa conformation sèche et nerveuse le Loup supporte parfaitement le coup de fusil. Le chasseur, qui sait que, quoique blessé, il marchera jusqu'à l'épuisement complet de ses forces, sait aussi qu'il a deux points particulièrement vulnérables, les flancs et le défaut de l'épaule. Avis aux débutants qui sont assez maîtres d'eux-mêmes pour diriger leurs armes ! surtout, lorsque, blessé, le Loup est étendu sur le sol, qu'ils aient soin de se mettre à l'abri de sa mâchoire ! Comme dans un pareil état il met à nu toute sa férocité ! Il nous souvient qu'à une battue en 1874, nous abattîmes une Louve dans le petit bois de Serres, près Vézelise. A terre avec toute notre charge au défaut de l'épaule, elle essayait de saisir avec sa tête restée intacte les chasseurs qui l'environnaient. Pour donner une idée de l'instinct glouton de ce grand fauve, il nous suffira de dire qu'on lui retira de l'estomac une chatte enlevée la veille en plein jour à quelques mètres de Vézelise, et qu'on la retrouva entière avec les membres a peine froissés.

Il n'existe pas dans la région de l'Est de variétés de Loup. Par intervalles et à des époques éloignées les unes des autres, on rencontre des types autres que l'espèce commune. Ainsi, notre victime de 1874, quoique d'une taille moyenne, avait un pelage fort remarquable au dire du fourreur; on voyait le long de son dos une raie noire d'où partaient sur les flancs des poils de même nuance d'un ton fort accusé. La tête était uniformément tigrée, sans teinte jaunâtre. Elle orne aujourd'hui le cabinet d'un Procureur Général. Ainsi encore pendant cette même année de 1874, on tua dans les environs de Gorze deux Loups cerviers, venus sans doute du Nord, et qu'il ne fut possible de rabattre qu'une seule fois, étant toujours sur pied lorsque les remetteurs formaient l'enceinte où ils se trouvaient. Ils ont comme caractères principaux une taille moins élevée, un corps plus grêle, un museau et des pattes plus allongés et plus effilés. Ils sont aussi plus carnassiers et plus féroces et se rapprochent de la Hyène.

LE SANGLIER

C'est presque un adage dans le monde cynégétique que le suivant : *Là où il y a des Sangliers, il y a des· Loups.* Nous en expliquerons plus loin la cause. Le *Sanglier*, le plus gros fauve de l'Est, était presque inconnu, il y a 40 ans. Animal essentiellement nomade, il ne s'y était montré jusque là qu'à de rares intervalles et sur quelques points privilégiés, notamment dans les forêts de la Meuse entourant l'ancienne abbaye de Saint-Benoît et le sanctuaire si isolé et si sauvage de Benoite-Vaux. Depuis, on défricha dans toute la France des massifs forestiers considérables, et, à la suite de cette mesure peu productive pour l'agriculture et peu favorable au pays, le gros gibier s'exila et chercha d'autres retraites. C'est à compter de ce moment que le Sanglier apparut dans l'Est et s'y reproduisit.

Le Sanglier, ou porc sauvage, a les instincts de son congénère domestique : herbivore et frugivore comme lui, il fouille avec son groin les prairies à cause des vers qui s'attachent à la racine de l'herbe, les sillons plantés de pommes de terre pour manger le précieux tubercule, les fourmillières des bois autant pour leurs habitants que pour les œufs innombrables qu'ils y trouvent, les jachères et les parties herbées des forêts en quête de racines ; il est aidé dans cette besogne par deux dents recourbées, que la nature a placées à chaque côté de sa mâchoire et qui lui servent de défenses. De pareils dégâts ne sont pas les seuls à regretter pour notre agriculture : le Sanglier se roule encore dans nos blés à la veille de leur maturité, et détruit sous sa pesante empreinte les récoltes qu'il rencontre sur son passage. On a remarqué cependant que ces dégats sont bien moindres, lorsqu'il y a abondance de glands, de faines et de semence de charmille, sa nourriture privilégiée.

La conformation du Sanglier est toute particulière et mérite d'être décrite : sa tête se termine par un museau très-allongé ; sa croupe, très-élevée se rabaisse jusqu'à l'origine de la queue ; son corps, très-ramassé, a peu de longueur ; il est bas de pattes. Avec une pareille structure on croirait qu'il est lent à se mouvoir, et qu'il se dérobe difficilement aux investigations de ses ennemis, qui connaissent sa présence, au moins momentanée, par les traces qu'il laisse sur les parties humides du sol et les coulées qu'il fait en passant ; il a, au contraire, une allure tellement rapide que lorsqu'il fuit avec toute la vitesse dont la nature l'a doué, on distingue à peine le mouvement de ses pattes. Delà cette expression bien connue : *le Sanglier ne court pas, il roule.*

Il habite toujours les fourrés les plus impénétrables de la forêt. Il choisit ou les rêles aux deux tiers de leur hauteur, ou de préférence encore les plateaux. Il semble se placer ainsi pour mieux écouter tous les bruits d'alentour. Il n'arrive à son entier développement qu'après cinq ou six années. Lorsqu'il a neuf ou dix ans, trop vieux pour reproduire, il se retire seul dans un coin isolé de la forêt, pourvoit à tous ses besoins en se servant de ses défenses déjà émoussées par un long usage, et, dans cette solitude, il attend ou le plomb meurtrier du chasseur, ou l'âge avancé de la vieillesse. Cette vieillesse se reconnaît non-seulement à l'état de sa mâchoire et à sa grande taille, mais aussi à l'odeur forte et nauséabonde qu'il répand autour de lui, odeur qui augmente après la curée et que développe encore la cuisson. Il nous souvient que dinant un jour dans un château du pays Messin, on apporta sur la table une terrine qui contenait une des infimes parcelles d'une bête de 225 kilogrammes tuée quelques jours avant dans la forêt de Serrouville. Lorsque le couvercle de la terrine fut levé, il s'en dégagea une odeur tellement accentuée qu'il fallut emporter le contenant et le contenu et ouvrir les fenêtres pour renouveler l'air de la pièce. Quand le Sanglier s'isole de la troupe, on le nomme *Solitaire* ou *Ragot*.

Le *Marcassin* à un an atteint habituellement 40 kilogrammes. A dix-huit mois, il peut suivant son sexe servir d'étalon ou mettre bas. C'est un *Sanglier* ou une *Laie*. A l'encontre des autres animaux, le mâle est fidèle à sa compagne, et il continue à vivre avec elle, même lorsqu'elle n'allaite plus et qu'il n'a plus besoin de défendre sa famille. Nous avons souvent trouvé fin novembre ou commencement de décembre dans les lignes des forêts et autour des grands arbres des poignées de soies de Sanglier, et à côté de nombreuses empreintes de pas; c'est le signe d'une lutte du mâle repoussant à coups de boutoirs les entreprises amoureuses d'un congénère du même sexe. Novembre et décembre sont en effet les mois du rut, février est le mois de la naissance. La Laie met généralement au monde autant de Marcassins qu'elle a de mamelles. Avant la délivrance, elle évide soigneusement la terre en y faisant un trou ayant la forme d'une demie-lune, elle abaisse les épines qui croissent autour de ce trou et les enchevêtre de branches mortes. C'est sous ce berceau qu'elle met au monde sa litée. A l'imitation de ce que nous voyons dans nos étables, elle se renverse sur l'un de ses flancs et présente ses mamelles aux nouveaux nés ; elle témoigne sa joie d'être mère par un petit grognement répété à intervalles fixes et assez sourd pour ne pas éveiller l'attention du coureur de bois. Plus tard, lorsque sa petite famille la suivra dans la forêt, elle se servira pour la rallier tantôt de ce grognement, tantôt d'un simple claquement de mâchoire.

Le Marcassin, parfaitement conformé en venant au monde, nait avec un pelage gris jaunâtre ornementé de bandes de couleur plus claire se répétant parallèlement. Tant qu'il vit du lait de sa mère, il garde cette fourrure zébrée ; on dit alors *qu'il a la livrée*. Lorsqu'elle disparait, il devient comme ses aînés herbivore et frugivore, et trouve sa nourriture avec son groin, sans abandonner toutefois son père et sa mère, qui ont encore reçu de la nature la mission de faciliter ses moyens d'existence en brisant les

matières encore trop résistantes pour sa jeune
mâchoire et en le défendant contre les entreprises
de l'homme ou des carnassiers qui l'environnent.
C'est pour ce dernier motif que le Sanglier et
la Laie marchent toujours en tête, et les Marcassins à leur suite. Ceux-ci ne quittent leurs
parents qu'au moment où ils sont capables de
s'accoupler.

Quatre signes extérieurs indiquent la présence
du Sanglier : l'endroit qui lui sert de retraite,
où il se creuse une bauge ; — la brisée qu'il
fait en allant de la forêt à la plaine ; les traces
de ses pas qu'il laisse sur les parties humides de
ce passage, ou sur les bords du ruisseau et de la
mare où il va se plonger et s'ébattre ; — l'écorce
de grands arbres qu'il ronge ou qu'il use en s'y
frottant, frottement ayant pour but de détruire
les myriades d'insectes qui se logent en toutes
saisons, et surtout en hiver, dans cette bourre
frisée et épaisse qui recouvre sa peau. Cependant,
il est difficile de dire si un Sanglier ou une
troupe se trouve à un moment donné dans un
bois où il existe des traces récentes de leur
séjour, à raison des habitudes nomades de ces
animaux et de la vitesse avec laquelle ils fran-
chissent des distances considérables. Parfois, ils
disparaissent des mois entiers à la suite du
moindre dérangement, ou après avoir été at-

taqués dans l'enceinte qu'ils avaient choisie comme demeure.

Ce caractère nomade a rendu bien difficile les poursuites exercées par les propriétaires des récoltes avoisinant les bois contre les propriétaires et locataires des forêts où la présence de ces animaux était signalée par les dégâts dont ils se rendaient coupables. Si les plaignants ne pouvaient justifier ou que les auteurs du dommage étaient des bêtes indigènes, ou que les chasseurs favorisaient leur multiplication, ou qu'ils négligeaient d'organiser de fréquentes battues, leur demande était presque toujours rejetée, l'expérience ayant démontré que les Sangliers changeaient sans cesse de retraites, et que dès lors les dégats commis pouvaient être le fait aussi bien d'indigènes de la forêt voisine que de ceux habitant des forêts éloignées. C'est dans ce sens que la Jurisprudence parait s'être définitivement fixée (1).

Le Sanglier a une peau d'une épaisseur et d'une dureté extraordinaires. Il existe sur cette peau une espèce de bourre de laine, et pardessus ces poils longs et rudes recherchés des brossiers et des cordonniers. Ces diverses enveloppes

_____

(1) Voir notamment les Arrêts de la Cour de Cassation des 11 Août 1874 et 5 Juillet 1876.

expliquent comment cet animal supporte si vaillamment les balles qui l'atteignent et comment
on trouva sur l'un d'eux dix-huit balles logées,
les unes dans l'épiderme, les autres dans le
derme, sans qu'il ait paru souffrir de ces nombreuses blessures reçues peut-être à de longs
intervalles.

Le Sanglier, objet de la sollicitude de tous nos
grands veneurs, une fois les feuilles tombées
s'attaque par la neige avec ou sans roquets ;
sans neige, avec ceux-ci en meute ou isolément,
avec de gros chiens de berger, de boucher,
de garde, même avec des chiens mâtinés, seuls
ou en meute, à la double condition qu'ils seront
audacieux et hargneux ; enfin, avec un équipage
de véritables chiens courants. Quelques mots sur
chacune de ces chasses :

Pour l'attaque en temps de neige, on emploie
les mêmes procédés que pour le Loup. Les Sangliers une fois rabattus dans un coupon de bois,
le remetteur, qui conduit la chasse, prend la
piste d'entrée. Le bruit des hommes, qui parcourent l'enceinte en frappant les arbres avec
leurs bâtons, pousse les fauves vers la ligne des
tireurs. Vous les voyez parfois arriver à petits
pas, s'arrêter à chaque instant pour écouter soit
la voix flûtée du roquet qui n'est habituellement
qu'à quelques pas d'eux, soit les cris des rabat-

teurs, soit le bruit fait par les arbres au contact
d'un corps dur. Au signal de l'attaque, plus de
mouvements, un silence absolu, le plus d'ef-
facement possible, et beaucoup de promptitude
dans le tir. Si ces bêtes, malgré la finesse et la
vivacité de leurs petits yeux, malgré leur odorat
pénétrant, viennent à portée sous l'influence d'un
vent favorable, sans avoir une allure trop rapide,
que le tireur choisisse de préférence le col à
l'extrémité de l'oreille, le défaut de l'épaule ou
l'épine dorsale. Dans le premier cas, la mort est
instantanée par suite de la rupture de l'artère
carotide ; dans le second, le Sanglier tombe ou
fait peu de chemin, mais il lui faut une deuxième
balle pour mourir ; dans le troisième, la sépara-
tion de l'échine en deux parties le laisse sans
mouvement et debout sur ses quatre pattes, et
demande un nouveau coup de feu pour lui
arracher ce dernier grognement qui est pour lui
comme le chant du Cygne. Ayant été le témoin
de pareils résultats dans les forêts de Gorze et
de Rembercourt, nous avons pu étudier les
endroits essentiellement vulnérables, et nous
convaincre que les autres blessures avaient peu
de chance de nous mettre en possession du
blessé. Si, en effet, vous visez la tête, la boîte
osseuse qui l'entoure est trop résistante pour
être entamée, et vous ne pouvez y pénétrer

que par les yeux. Un pareil objectif a vraiment trop peu de surface. Si vous cherchez à l'atteindre aux flancs, percé de part en part, jetant le sang avec abondance, il vous échappe et marche jusqu'à l'épuisement complet de ses forces ; s'il est tard, vous le perdez ; si le lendemain vous reprenez sa piste et qu'il soit mort de la veille, le défaut de curée en temps opportun ne permet plus de l'utiliser. Lui brisez-vous une patte, il n'est pas assez malade pour vous appartenir, et il est à même de défier bien d'autres assauts. Si enfin vous le tirez fuyant devant vous sur une surface à peu près plane, votre plomb pénétrera sans diminuer la vitesse de sa course et sans paraitre gêner son allure. Il n'y a dans ce sens qu'un endroit véritablement vulnérable et qui détermine une prompte asphyxie à la suite des désordres intérieurs que le plomb occasionne. Notre plume résiste à nommer cette place sphérique et de peu d'étendue.

Pour tirer le Sanglier, on emploie la balle ordinaire, la balle sectionnée en deux parties, la balle conique ou lingot, la balle rayée, et les grains au nombre de 9, 18 ou 27. Il n'y a rien à dire sur l'efficacité de ces divers tirs ; cependant, si nous avions à conseiller un choix, nous engagerions à mettre dans le coup droit une cartouche de grains, et dans le coup gauche un lingot ou une balle rayée, l'effet des grains étant foudroyant à une distance n'excédant pas vingt mètres et celui de la balle à une distance plus grande.

On attaque encore le Sanglier avec un ou plusieurs roquets, et même avec une meute de chiens de cette espèce; seulement, comme les roquets sont peu lanceurs, il est bon de leur donner comme bête de tête un corneau qui chasse de préférence le gros gibier. Celui-ci sur pied, il est vraiment curieux de voir avec quelle ardeur ces petits chiens de races si différentes s'acharnent à sa suite, acharnement qui se traduit au dehors par leurs aboiements multipliés. Le Sanglier, d'ordinaire peu effrayé d'entendre derrière lui des ennemis de pareille taille, ne prend pas une allure trop rapide et permet presque toujours au tireur de choisir l'un des endroits vulnérables. Nous avons quelquefois pratiqué cette chasse dans le massif forestier de Viterne avec la meute de M. de V....., et nous avons été souvent émerveillés de l'activité de ces petits chiens, qui, au départ, ne semblaient bons qu'à suivre des voitures ou à courser des volailles.

On chasse aussi le Sanglier avec de grands chiens de toute races ; ainsi vous voyez en couples le chien de berger, le chien de boucher, le chien de contrebandier, des lévriers mâtinés, des chiens d'arrêt bâtardés, et en général toutes espèces hargneuses et entreprenantes. M. C...., de Flavigny-sur-Moselle avait un équipage de ce genre, et il était curieux de voir passer ce bizarre assemblage de bêtes à poils ras, à poils durs, à longs poils, pourvues de fouets de toutes longueurs et de toutes formes. On nous a raconté qu'excités par une ou deux bêtes de tête, ces chiens tenaient bien le fourré et savaient en déloger tout le gibier ; que cette chasse était vraiment surprenante grâce aux aboiements si variés d'intonations de tout ce monde, auxquels venaient se mêler les cris des piqueurs et le son des trompes.

Enfin, lorsque le Sanglier est cantonné dans un massif, et que le limier, tenu en laisse, a fait connaitre l'enceinte où il se tient en bauge, on peut l'attaquer avec un équipage de chiens courants de race pure. Quand cet équipage est de même pied, qu'il a à sa tête un ou deux entraineurs, qu'il est conduit par un piqueur expérimenté et connaissant la forêt dans tous ses replis, vous pouvez dire que vous assistez à ce que l'art cynégétique peut vous offrir de plus grandiose : si la meute a une troupe devant elle, souvent elle se divise, surtout lorsque les marcassins ont atteint une certaine taille. La forêt retentit alors

dans toutes ses parties des aboiements des
chiens, qui se sont divisés à leur tour pour suivre
chaque groupe de fuyards. Si, au contraire, un
ragot est devant la meute, sa présence est indi-
quée aux tireurs par de nombreux arrêts qu'on
appelle *des fermes roulants*. Dans l'un ou l'autre
de ces cas, comme la bête pourchassée est belle
à voir ! Son œil jette des éclairs, ses longues
soies qui s'étendent de la croupe à la queue se
dressent, ses narines soufflent, sa tête se tourne
comme pour mieux mesurer l'intervalle qui la
sépare de ses ennemis. Lorsqu'atteinte par le
plomb meurtrier, elle tombe en poussant ce grognement connu de tous, parce que tous l'ont
entendu de son congénère domestique quand le
couteau du tueur lui rompt l'artère carotide ;
lorsque la trompe sonne l'hallali, et que les échos
du vallon répètent à l'envi et la sonnerie du cor
et les cris des piqueurs, pour inviter tous les
chasseurs qui ont concouru à l'attaque à venir
vers la victime afin d'assister à son dernier
souffle ou tout au moins à la curée, quel beau
spectacle ! Comme on prend plaisir à voir tous
les chiens jouir de leur triomphe en arrachant
les soies de la bête, en la retournant et la tirant
en tous sens ! Comme il est curieux d'assister au
partage des dépouilles à cause de l'avidité que
mettent les chiens à dévorer les entrailles de la

victime, semblant ainsi montrer que ces reliefs leur sont légitimement acquis comme prix de leurs efforts ! En 1879, nous avons été le témoin de plusieurs de ces attaques faites par l'équipage de 28 chiens de M. de C....., qu'il divisait en deux relais.

On chasse donc le Sanglier tantôt à l'aide de cris d'homme, tantôt avec des roquets, tantôt avec des chiens de races diverses à la condition qu'ils seront hardis et méchants, tantôt enfin avec des chiens courants, le plus souvent à poils durs. Mais comment les prépare-t-on à aller attaquer la bête jusque dans son repaire ? Bien des moyens ont été mis en usage : les uns ont élevé des marcassins avec de jeunes chiens, pour les familiariser dès leur jeune âge à l'odeur de suie parfumée qu'ils laissent après eux ; les autres ont enfermé un Sanglier déjà fort de taille dans une loge voisine du chenil ; d'autres les ont formés à l'attaque en les menant fréquemment dans les forêts où se tiennent habituellement des troupes, et les ont peu à peu façonnés à ce genre de chasse en les appuyant dès le lancer ; d'autres enfin ont pensé qu'une chienne s'étant mise de bonne heure à suivre le gros gibier, en particulier le Sanglier, et étant servie par un chien ayant les mêmes instincts, il devait naître d'elle des élèves naturellement préparés à devenir des

bêtes d'attaque. Nous pensons que tout dépend
de la nature du jeune chien et des soins dont on
l'entoure à ses débuts, car il a été souvent remarqué que celui-ci, en commençant à chasser,
suivait tous gibiers qui se levaient devant lui, et
que si plus tard il se détournait des grosses bêtes,
c'était à cause de luttes lui ayant occasionné de
graves déchirures et l'ayant dégoûté de poursuivre des ennemis aussi dangereux. Ces blessures peuvent presque toujours être évitées,
lorsque le maître ou le piqueur, mis en éveil par
le lancer, se rapproche du chien et l'encourage
dans son entreprise. En tous cas, depuis que la
grande chasse est devenue la passion du riche,
un chien, attaquant hardiment le Sanglier et
suivant sa piste avec tenacité, est un véritable
objet de luxe qu'on s'arrache à des prix jusqu'ici
inconnus et qui atteignent parfois, en Angleterre
notamment, le chiffre énorme de 4 à 500 livres
sterling.

La chasse du Sanglier a ses dangers, surtout
pendant les hivers où la semence de charmille
est abondante, cette semence dont il est très
friand ayant la singulière propriété de l'énivrer
et de le rendre méchant; quelquefois, grièvement
blessé et irrité par la douleur, il charge le tireur,
et nous pourrions citer plusieurs attaques dans
les forêts de Gorze et de Thiaucourt où celui-ci

a été entamé par ses boutoirs. Ces cas de révolte sont heureusement fort rares, et il est facile de les éviter en se jetant sur la droite ou la gauche du passage de la bête, celle-ci suivant toujours une ligne droite. Si, surpris par elle, le tireur n'a pas le temps de s'effacer, qu'il se couche à plat ventre sans donner signe de vie ; après avoir été remué plusieurs fois, le Sanglier l'abandonnera pour aller retrouver son fourré, y lécher ses plaies, ou se plonger dans sa mare habituelle.

Nous avons dit plus haut qu'il y avait des Loups là où se tenaient des Sangliers. La seule cause apparente de ce voisinage est l'instinct carnassier de ce fauve. Il suit en effet les troupes, et si quelque marcassin s'éloigne de la laie ou s'égare, il devient sa proie ; si quelque Sanglier blessé perd de son allure rapide, il est bientôt rejoint par un ou plusieurs Loups, et, grâce à la puissante mâchoire de ceux-ci, le partage de la bête est promptement fait. Il a été facile au chasseur curieux et observateur de constater en temps de neige que les pas des marcassins étaient suivis de traces de Loups ; ces mêmes traces se remarquaient sur les empreintes maculées de sang d'un Sanglier blessé.

LE CHEVREUIL

Dans quelques-unes de nos forêts nous ren-
controns encore le *Chevreuil,* assurément son
hôte le plus élégant. Il est peu de chasseurs qui
n'aient eu l'émouvant plaisir de voir une ou
plusieurs de ces splendides bêtes franchir une
ligne, galoper dans un taillis, traverser une
vallée séparant deux collines boisées, parfois
même courir dans la plaine avec cette vitesse
vertigineuse qui est le seul moyen de défense
dont la nature l'ait doté. Pour notre compte,
nous avons eu quelquefois l'occasion d'admirer
la structure si parfaite, le col si gracieux, les
yeux larges et doux, les oreilles amples, la tête
si finement taillée et les pattes si délicates de
cet animal beau entre tous. Nous l'avons vu
tantôt marcher à pas comptés et s'arrêter à
chaque instant pour écouter les chiens, tantôt
galoper lentement comme s'il regardait avec
complaisance les mouvements paraboliques qu'il

5*

exécutait avec une aisance et une légéreté incomparables, tantôt faire de ces bonds de plusieurs mètres qui le suspendaient dans les airs, ses pattes repliées sous lui. Il est vraiment cruel de désirer la mort d'une aussi belle œuvre du Créateur et de priver nos forêts d'un de ses ornements les plus inoffensifs. Mais l'homme, une fois qu'il porte une arme sur l'épaule, devient insensible, et nous avouons humblement avoir avec les Nemrods de tous pays ce malfaisant défaut.

Le Chevreuil habite les réles, et de préférence les plateaux. Il choisit les taillis de dix ans, parce qu'il y trouve la nourriture qu'il recherche, l'herbe et les ronces. Comme tout le gibier, il ne sort pas le jour de sa retraite; comme nos chèvres domestiques, il se couche dans de grandes herbes. Leur froissement qui dessine la forme de son corps et les abondantes déjections qu'il y laisse disent assez qu'il y a séjourné. De tous les fauves de nos bois il est le moins embarassé pendant les longs et rudes hivers : avec sa fourrure épaisse et serrée il défie le froid, avec les ronces et les jeunes pousses il n'a jamais faim.

Comme pour nos chèvres encore, le mois de février est le temps des amours, le mois d'avril celui de la naissance. A cette époque, la femelle

met bas deux ou trois Chevreaux qui en septembre
suivent encore leur mère, n'ayant alors atteint
qu'une partie de leur taille. Leur développement
n'est complet qu'après trois années ; néanmoins,
au mois de février qui suit leur naissance, ils
peuvent reproduire. Le mâle prend le nom de
Brocard, la femelle celui de *Chèvre* ou *Chevrette*. Le premier a comme signe distinctif deux
cornes qui lui poussent sur le haut de la tête ; on
sait son âge par leurs branches qu'on nomme
andouillers ; il lui en pousse une chaque année.
La vie de famille dure jusqu'au moment où le
Brocard peut servir d'étalon et la Chevrette de
mère. En langage cynégétique *c'est une harde*.
Chez le Chevreuil comme chez tous les animaux
sauvages, on remarque dans les portées plus de
femelles que de mâles ; ce phénomène de la nature explique comment il existe encore quelques
types de chaque espèce.

Presque tous les chiens courants chassent le
Chevreuil, tandis que quelques-uns s'éloignent
du Renard, et que beaucoup n'attaquent ni le
Loup, ni le Sanglier ; on peut même dire que
ce fauve à toutes leurs préférences, parce qu'ils
le suivent en flairant les branches au lieu de
chercher sa trace sur terre, parce que dans sa
fuite il marche droit et ne cherche pas à rompre
sa piste, comme le Lièvre par exemple, qui, par

ses crochets, les met en défaut et les oblige à un travail tenace pour retrouver son pas.

Tant qu'il tient le fourré, le Chevreuil s'avance lentement et s'arrête souvent pour écouter la voix des chiens ; quand il se prépare à franchir une tranchée, une route ou une vallée, après avoir examiné si quelqu'obstacle ne l'oblige pas à rebrousser, il prend une allure plus vive. Fait curieux à noter, le Chevreuil fuit toujours dans le sens du vent, comme pour mieux entendre les aboiements des chiens et mieux mesurer l'intervalle qui le sépare d'eux. En temps ordinaire et sous bois cet intervalle est à peine de cent mètres. Il augmente considérablement cette distance lorsqu'il arrive dans une haute futaie ou dans un bois d'élagage. Nous avons pu faire ces observations en 1875 dans la forêt domaniale des Rinchards, où nous vîmes un Brocard, n'ayant sur nos chiens qu'une avance de vingt-cinq mètres, franchir avec une rapidité vertigineuse la futaie voisine du taillis de quinze années où il s'était fait battre. Au départ, il coule pour ainsi dire sous bois et tourne dans la partie de forêt où il a été levé. Lorsque les chiens se rapprochent, quand leurs aboiements sont plus multipliés, il part droit devant lui et gagne promptement une avance considérable. Rejoint par la meute, il recommence à tourner, et, après de longues heures, il revient à son lancer. Il nous est arrivé souvent de mettre un Chevreuil sur pied à huit ou neuf heures du matin, et, la nuit venue, de quitter le bois avant son retour.

Pour suivre le Chevreuil avec quelque succès, et avoir toutes les jouissances que procure une semblable chasse, il faudrait être fermier d'un massif forestier considérable. Si vos droits se bornent à quelques centaines d'hectares, votre limite franchie, ou vous suivez la meute le fusil en bandoulière et les chiens de votre arme abattus, n'ayant d'autre but que d'entendre des aboiements et de voir la bête; ou il faut vous asseoir sur un talus, dévorer les provisions de votre carnier, et demeurer aux écoutes en vue du retour. Cette dernière hypothèse se réalise rarement à temps; l'autre, plus probable, rend votre déplacement inutile et vous fait passer une journée longue et ennuyeuse. Il faut donc chasser le Chevreuil dans une forêt d'une grande surface, ou avoir un relai de chiens pour fouiller les autres parties du bois, pendant que les premiers découplés suivent la bête qui les a entraînés au loin.

Personne plus que nous peut-être n'a été en situation d'apprécier les avantages et les inconvénients signalés plus haut : locataire en

même temps des forêts communales de Vande-
léville et du massif de Viterne, nous avons souvent déploré, dans les premières d'y trouver
de nombreux Chevreuils, ceux-ci après quelques
instants de suite se jetant dans les Rinchards,
étant ainsi hors de nos atteintes et nous obli-
geant à un repos involontaire et désespérant.
Dans le second au contraire, qui englobait sept
ou huit territoires, qui avait quinze kilomètres
de longueur sur huit ou neuf de largeur, qui
était entrecoupé de routes, de friches et de
vallées, il nous est rarement arrivé de rester
spectateur immobile et ennuyé d'une chasse qui
se faisait sur les confins des autres.

L'hallali du Chevreuil a ses douleurs et ses
joies. Le veneur, qui l'a abattu, en lui arrachant
avec son coutelas son dernier reste de vie, voit
à ses pieds sa victime, si gracieuse de formes,
si inoffensive, verser des larmes et le regarder
avec attendrissement, semblant ainsi lui demander de le laisser s'enfuir encore vers les grandes
herbes, les bruyères, le coudrier, ou le sapin où
il a sa retraite et les compagnons de sa harde.
L'hallali a ses charmes, étant annoncé par les
cris du vainqueur et le son de la trompe qui
invitent chaque tireur à se rendre au lieu du
succès pour admirer la victime et assister à la
curée et au festin de la meute.

La présence du Chevreuil dans une forêt, quelque soit son nombre, n'empêche pas tous les autres gibiers d'y vivre et de s'y propager. Et pourquoi le Créateur aurait-il agi autrement ? Ce charmant hôte de nos bois n'a ni odeur prononcée qui l'isole, ni instinct carnassier qui le fasse redouter. Il doit vivre en bon voisin avec tous les fauves et les volatiles de sa région, et nous n'en voudrions que la preuve suivante que le hasard nous fournit en 1877 : l'un de nos invités, revenant de plaine à la suite d'un Lièvre, descendait un des rêles boisés qui domine la longue et étroite prairie de Thuilley-aux-Groseilles, lorsque deux énormes Sangliers, un Brocard, une Chèvre et trois Chevreaux se levèrent devant lui. En recherchant leurs bauges, nous les trouvâmes à peine à cinquante mètres les unes des autres. Quel magnifique débourré, me direz-vous ! Nous dirons, nous, quelle magnifique occasion manquée ! Sangliers et Chevreuils passèrent en revue nos amis occupés à à déjeûner, toute la vallée retentit des douze coups de feu qu'ils essuyèrent, et de tout ce tapage il ne resta sur le carreau qu'une Chevrette, qui avait eu encore assez de force pour gagner le fourré et y mourir.

Et dire qu'une pareille bête, qui est pour nos forêts ce que la plus belle plante est pour nos

serres, trouve des ennemis, non-seulement parmi
les carnassiers qui la guettent, mais aussi chez
l'homme, dominé comme toujours par l'esprit de
lucre ! Oui, le braconnier tend des pièges à ce
charmant animal, et il l'étrangle à l'aide d'un
laiton de fort diamètre et d'un coudrier de quelques centimètres de circonférence qu'il replie et
qui retient le piège. Allez, Chasseurs, allez entendre les gémissements de vos frères de Briey et
de Moyeuvre ! Ils vous diront sur un ton tout à
la foi de colère et de regrets que leurs Chevreuils,
si bien placés dans leurs riches et imposantes
forêts, prennent en grand nombre le chemin de
la cabine du coureur de bois, pour passer de là
sur la table des gourmands, bien qu'ils aient
hypothèque sur ces bêtes de par la quittance du
percepteur.

LE CHAT SAUVAGE

Avant de quitter les fauves de notre région pour nous occuper des volatiles que renferment ses forêts, disons quelques mots des autres animaux qui les peuplent et que parfois nos chiens poursuivent.

Un des plus forts de taille et des moins rares est le *Chat Sauvage*. Cette bête à tête ronde, ayant des yeux de même forme, une fourrure épaisse et zébrée, des griffes puissantes, est un carnassier redoutable appartenant à la race féline. Congénère sauvage de nos chats domestiques, il en a tous les instincts, avec la férocité en plus. Son grenier à lui est une

fourche d'arbre ; son lieu de repos le nid d'une
Buse ou d'un Corbeau dont il prend possession,
souvent après en avoir dévoré tous les habitants;
sa nourriture des Lièvres, des Oiseaux, quelques Mulots et Souris. Parfois, le jour, il descend de son chêne en quête de sa proie ou pour
se livrer aux douceurs du sommeil dans une
touffe de coudrier. Ses brisées attirent l'attention
investigatrice des chiens, et ils le lancent. Il est
presque toujours facile de reconnaitre à leurs
allures la bête qu'ils ont devant eux : si les
aboiements cessent, c'est que le Chat qui s'est jeté
dans une trouchée de bois fait ferme et menace
ses ennemis de sa mâchoire ouverte ; si les
chiens, demeurant sur place, font entendre des
cris insolites, c'est que le Chat a grimpé sur un
arbre, où tantôt il se colle contre son tronc,
tantôt il se tient sur une de ses branches dans
une attitude défensive. Chasseurs, qui êtes aux
écoutes, arrivez au plus vite à ce coudrier ou à
ce gros arbre et faites feu sur ce monstre de
nos bois, image en petit du plus féroce des
animaux du globe. En lui ôtant la vie, vous la
conserverez à bien des Lièvres et à bon nombre
de nichées d'Oiseaux ; vous aurez, en outre, en
votre possession une fourrure recherchée, utile
surtout aux rhumatisants. Le Chat Sauvage
atteint quelquefois une grosseur extraordinaire :

nous en avons vu un dans notre enfance dont
le poids, constaté en notre présence, était de
onze kilogrammes. Son poids normal est de
moitié. Il choisit habituellement comme retraites
les grandes forêts, et, dans celles-ci, les endroits
les plus épineux et les plus retirés.

L'ÉCUREUIL

Dans ces mêmes endroits nous trouvons encore
l'*Écureuil*. Comme le Chat Sauvage, il monte
sur les arbres ; comme lui, il est carnassier
et s'accomode fort bien d'Oiseaux, et même de
levrauts. A part cet instinct destructeur, c'est
un charmant petit animal, aussi gracieux par sa
structure toute particulière que dans ses mouvements. Le jour, il descend de son arbre et
parcourt la forêt à la recherche de sa nourriture.
Vers trois heures de l'après-dinée, il regagne
l'un de ses nids, car il est à remarquer qu'il en
construit plusieurs à peu de distance l'un de
l'autre. Ces nids, dont le tour est en brindilles
et la garniture intérieure en mousse, s'aper-
çoivent le plus souvent dans une fourche d'arbre,
à environ huit mètres du sol. Il y monte, l'heure
du repos venue, avec ses provisions de noix,
noisettes, pommes sauvages, etc. ; il le regagne

en cas d'alerte, s'il est dérangé par des chiens courants ou quelque roquet de bûcheron. Il est vraiment agréable d'admirer l'agilité de ce minuscule quadrupède, lorsque, assis sur sa branche, la queue en l'air et frétillante, il tourne et retourne dans ses pattes une noisette ou une noix ; avec sa mâchoire à pointes aiguës il vient vite à bout de la coque, mange prestement le fruit qu'elle contient, et laisse tomber les débris au pied de l'arbre. C'est souvent l'indice de sa présence, ou tout au moins celui d'une fréquentation habituelle. Le choix de l'arbre ne lui est pas indifférent : il n'aime ni le hêtre ni le bouleau ; il donne la préférence aux chênes, aux noyers et aux sapins, c'est-à-dire aux espèces à écorces rudes où il peut plus facilement faire entrer ses griffes.

Dans certaines parties de l'Est on prenait plaisir à chasser ce gentil petit fauve qui se présente sous trois variétés : l'Écureuil rouge, l'Écureuil brun, l'Écureuil blanc. Les deux premières sont communes, la troisièmes est rare, et pour notre compte nous n'en n'avons jamais rencontré aucun sujet, mais nous en avons vu deux spécimen tués dans le groupe de bois qui contourne la côte nord de Sion. Ces deux spécimen font partie de la petite collection de M. M..., de Chaouilley.

Cette chasse de l'Écureuil exige un roquet façonné de longue main à ce travail. Son maître suit les lignes du bois, pendant que lui recherche sur le sol la présence ou la piste de la bête. Il annonce sa découverte par des aboiements, puis il les continue sans changer de place. C'est que l'Écureuil, harcelé par son ennemi, s'y est soustrait en grimpant sur un arbre. Le tireur, arrivé auprès du chien et ayant par sa présence acquis la certitude qu'il est sur le chêne au pied duquel il jappe, doit le chercher non pas sur les branches, mais à son point culminant. Après être plusieurs fois tourné autour de l'arbre qui lui a servi de refuge, il finit par le découvrir collé contre le tronc et ne laissant apercevoir que sa tête ou le bout de sa queue. Que le tireur le serre quand même il y aurait peu de prise pour le plomb, le coup de feu le fera sortir de sa cachette, et pour le deuxième coup il l'aura à découvert.

Parfois aussi et à défaut de ces roquets, que l'expérience rend véritablement habiles, vous vous contentez de frapper l'arbre où vous voyez un nid avec les coudriers qui l'entourent, mais seulement après vous être assuré que la mousse qui garnit ce nid est fraîche; autrement, ce serait une habitation construite depuis plus d'une année et abandonnée. Si l'Écureuil est dans son nid, il grimpe le long du tronc et cherche à atteindre l'extrémité de l'arbre. Le tireur, qui suit ses mouvements, doit le serrer non pas lorsqu'il fait son ascension, mais seulement lorsqu'il est arrivé à la fourche où il s'aplatit. Et ne croyez pas que de ce point élevé il est insensible à ce qui se passe au-dessous de lui : son œil vigilant ne quitte pas celui qu'il a tout d'abord reconnu pour son ennemi, et lorsque cet ennemi cherche l'endroit qui lui permettra de le mieux découvrir, lui se masque et s'arrange toujours pour présenter au chasseur le moins de surface possible.

Nous rappelons seulement pour mémoire ces deux modes d'attaque, nos gardes ayant mis tous leurs soins à faire disparaître ce gentil animal, grâce à la complicité du roquet qui est leur compagnon habituel. L'Écureuil est devenu si rare, surtout dans les Vosges, qu'il nous a fallu courir pendant deux années les forêts avoisinant Dompaire pour en découvrir un seul spécimen. Dans l'intérêt de la propagation du Lièvre et des Oiseaux nous ne nous plaignons pas de sa disparition ; nous redoutons seulement que nos agents forestiers, habitués à voir ce gibier sur leurs tables, ne le remplacent par d'autres animaux qui à poids d'or sont devenus la propriété du chasseur.

LE PUTOIS

Un autre destructeur est le *Putois,* qui habite tantôt nos bûchers, tantôt la cavité d'un tronc d'arbre, œuvre du temps ou du Pic-Bois. C'est une bête longue de corps, basse de pattes, d'un pelage brun noir, exhalant une odeur prononcée et désagréable. Le Putois, qui réside dans nos maisons, recherche les volailles, et, à défaut d'elles, les rats et les souris qui peuplent nos greniers ; celui qui vit à l'état sauvage, outre les rats, les souris et les mulots, aime beaucoup aussi les oiseaux et les levrauts. Les chiens courants, en le lançant, ont une allure si vive qu'au début vous croiriez qu'une grosse bête est sur pied. Nous avons assisté à la mort de l'un d'eux qui n'a pu être tiré qu'après une heure et demie d'une poursuite continue et très-correcte.

LE BLAIREAU

Les roches, qui existent dans tous les bois à pentes rapides, servent d'asile tantôt au Renard, tantôt au *Blaireau*. Ayant le corps et le museau assez allongés, les pattes courtes, une fourrure grise et noire assez estimée, le Blaireau n'a d'autres armes pour le protéger que ses griffes longues et incisives. L'hiver, il ne quitte pas sa tannière et vit en léchant la graisse qu'il s'est amassé et qui représente la moitié de son poids total. L'été, toute sa nourriture consiste en fruits et en racines. La conformation de son museau indique qu'il s'en sert pour fouiller la terre.

Le Blaireau, comme toutes les bêtes vivant à l'état sauvage, ne sort que la nuit. Il n'y a d'exception à cette règle qu'en septembre et octobre, époque de la maturité des raisins. Très-gourmand de ce fruit, il a l'instinct d'établir momentanément sa demeure dans les bois avoisinant les vignobles, et il le mange avec une avidité telle que l'un de nos amis en tua un dans la forêt domaniale de Goviller, dont les intestins contenaient au moins un kilogramme de pépins.

Chaque année, en septembre ou octobre, nos chiens mettent sur pied un ou deux de ces animaux. L'instinct de la conservation supplée à leurs allures peu vives : toujours ils tiennent le fourré, toujours ils suivent les creux, le fond des petits ruisseaux qui sillonnent nos bois, les endroits les plus inaccessibles : s'ils sont acculés par les chiens, ils se renversent sur leur dos et leur présentent leurs griffes. Ce singulier ferme a pour conséquence de faire cesser tous aboiements. Lorsque le tireur est à quelques pas du Blaireau, il ne doit pas encore chanter victoire, car il lui faut souvent toutes les cartouches de son carnier pour le mettre sur le carreau. S'il l'atteint sur le corps, le plomb pénètre dans l'épaisse couche de graisse qui l'enveloppe et s'y amortit ; lui briser la tête, tel est le point le plus vulnérable.

Au dire des piqueurs, la graisse, qu'on retire en abondance du corps du Blaireau, est souveraine pour toutes les maladies de peau qui affectent nos chiens ; on la dit également bonne pour les goutteux. Elle s'emploie en frictions. Quand à la viande, elle est filandreuse et d'une grande fadeur.

Le Blaireau a surtout à craindre le braconnier. Celui-ci qui connait toutes les roches de la forêt, qui en a examiné toutes les crevasses, qui sait les fissures ordinairement habitées par ces fauves, qui aperçoit les empreintes de leurs pas sur le sol entourant ces roches, en bouche hermétiquement toutes les entrées et s'en rend maître par l'asphyxie. Quelques jours après ce travail, il retourne à sa crevasse armé d'une pelle et d'une pioche, décombre l'entrée du terrier, l'élargit, et en retire une ou plusieurs victimes. En hiver, c'est une prise fructueuse : il se réserve la viande, et vend à bon prix la fourrure et la graisse.

Nos notes sur les fauves épuisées, il nous reste à consacrer quelques lignes aux volatiles de notre région, surtout à la Gélinotte et à la Bécasse, les deux plus intéressants pour le chasseur.

LA GÉLINOTTE

La *Gélinotte,* de la famille des Tétras, un peu plus forte de taille que la Perdrix, dont le plumage est riche de tons et la chair exquise, habite constamment les bois, et de préférence ceux de 15 à 25 ans. Elle se tient habituellement sur les bords des petits ruisseaux qui les sillonnent, et ne s'écarte de ces lieux de prédilection que pour chercher sa nourriture, ou fuir l'irruption des eaux, lorsque celles-ci deviennent abondantes à la suite de grandes pluies ou des fontes de neige. En ce cas, elle remonte les collines boisées et se tient le plus souvent au tiers de leur hauteur.

La Gélinotte a des mœurs presque en tous points semblables à celles de nos poules domestiques. De là sans doute son nom vulgaire de *Poule de Bois.* Elle fait ses œufs sans préparation et les dépose sur de grandes herbes abritées par d'épaisses touffes de coudriers. On trouve dans ces nids improvisés 13, 15, 17 et 18 œufs. Les petits, qui en sortent, sont conduits par la Gélinotte femelle comme la poule domestique conduit ses poussins. La Gélinotte procure à sa couvée la nourriture de chaque jour en grattant la terre et en lui offrant en pâture des graines de myrtilles, des mûres sauvages, des baies d'arbousiers et d'églantiers, et ces petits fruits rouges qui pendent sous forme de grappes et que l'on rencontre fréquemment dans certaines forêts de notre région.

Comme la poule aussi, la Gélinotte couve de très-bonne heure, et la mi-avril est l'époque ordinaire où naissent les poussins, époque retardée ou avancée selon que l'hiver se prolonge ou cède plus tôt le pas aux brises tièdes du printemps. A la mi-août, ces poussins ont atteint tout leur développement ; en septembre, les couvées sont dispersées et l'accouplement commence.

La Gélinotte fait des trous en grattant pour s'y placer à mi-corps, rappelant ainsi le travail opéré sous nos yeux par nos poules domestiques, pour couvrir ses ailes de poussière et s'agiter ensuite pour s'en débarrasser, mouvement qu'elle exécute visiblement pour ses plaisirs.

Diverses observations, faites sur ce volatile,

indiquent les mœurs particulières lui résultant de son état sauvage : Ne s'éloignant pas au moment des froids pour aller vivre sous un climat plus chaud, il n'est pas comme la Bécasse un oiseau essentiellement migrateur ; mais il a une tendance bien marquée à s'avancer de l'Est à l'Ouest, seulement cette marche est lente et ne se compte chaque année que par quelques kilomètres. Dans notre région, son berceau paraît être la partie montagneuse des Vosges, c'est-à-dire le massif forestier triangulaire dont les côtés seraient Bruyères, Gérardmer et Remiremont. Il apparaît pour la première fois en 1830 entre Épinal et Mirecourt ; nous le trouvons en 1868 ou 1869 dans la grande et splendide forêt de Briey ; il est signalé en 1873 dans les bois entourant Thiaucourt, et en 1875 dans ceux étant la tête de l'Argonne, à quelques kilomètres de Longuyon. Une preuve de cette migration lente est dans le fait suivant : un tendeur prit une année en août une Gélinotte dont l'une des ailes était tordue. Il la détacha vivante du lacet, et, en examinant cette particularité, le volatile lui échappa. L'année suivante, à pareille époque, il le reprit à quatre kilomètres à vol d'oiseau du bois où il séjournait avant et dans la direction de l'Ouest.

Le même tendeur a encore fait les observations

suivantes qui paraissent être particulières à cette famille d'oiseaux : les couvées de Gélinottes contiennent plus de mâles que de femelles, et l'accouplement se fait avec deux mâles et une femelle. Lorsque les deux mâles viennent à disparaître pour une cause quelconque, la femelle, ne se sentant plus assez forte pour protéger sa famille, se réunit à la couvée voisine. C'est ainsi qu'à plusieurs reprises ce tendeur a pu apercevoir plusieurs couvées ensemble se composant de 45 à 50 individus. Il en prit dix-huit la même semaine dans ses lacets, et deux mois après il les retrouva à 1,500 mètres environ de leur premier séjour et dans la direction de l'Ouest, autre preuve à l'appui de ce que nous avons dit plus haut. Il y mit ses lacets, et fit dans la troupe sept nouvelles victimes.

La Gélinotte semble prendre un point de repère pour retrouver plus facilement l'endroit où elle fait son nid, le plus souvent un grand arbre, et le chêne de préférence à tous autres. Cette observation, souvent répétée par notre tendeur en remarquant au pied de cet arbre de la mousse fraîchement grattée, a été pour lui une cause de succès dans ses opérations clandestines. Supposant que cet arbre où apparaissaient les traces récentes de la Gélinotte devait être à proximité d'un couple ou d'une couvée, et le supposant

avec d'autant plus de raison qu'à l'endroit de la
surface grattée se trouvaient des trous de forme
demi-sphérique, il y plaça ses engins et réussit
plusieurs jours de suite. Il tira de là cette autre
conclusion que le couple ou la couvée venait
visiter chaque jour le point de repère choisi,
pour y chercher sa nourriture et y prendre ses
ébats.

La Gélinotte mâle se distingue de sa compagne
par une peau d'un rouge vif lui cerclant l'œil,
et une gorge d'un noir lustré depuis le bec jusqu'au milieu du col, tandis que la femelle n'a
au même endroit qu'un plumage d'une teinte
grise. Ces différences paraissent être les seules
visibles pour l'observateur, les individus de sexe
différent ayant même taille et des pattes de
même hauteur. La Gélinotte, lorsqu'elle est à
terre, se laisse approcher jusqu'à dix mètres ;
elle s'enlève alors à quatre ou cinq mètres du
sol en faisant un bruit d'ailes plus étourdissant
que celui de la Perdrix et en suivant une ligne
droite d'une longueur habituelle de cent à cent
vingt mètres. Au bout de ce tire-d'ailes elle se
perche sur un arbre de moyenne grosseur et se
dérobe aux regards en se juchant sur une
branche inférieure et dans l'angle formé par
cette branche et l'arbre. Son plumage fond brun la
fait échapper le plus souvent aux investigations

du chasseur. Elle ne quitte guère son perchoir que lorsque son ennemi est à vingt mètres d'elle. Elle prend alors son vol, et se repose cette fois par terre ; en sorte qu'à intermittences égales elle se perche ou s'abat. Son état habituel est d'être à terre ; elle ne vole et ne se perche que lorsqu'elle est dérangée. Sa vigilance, paraît-il, est toujours la même : au temps des amours, les oiseaux, comme les animaux, sont moins sauvages, et on attribue généralement ce fait à une diminution de l'odorat ; il n'en est pas même de la Gélinotte, qui, à toutes les époques de l'année, est aussi difficile à approcher. Un autre obstacle pour le chasseur, c'est qu'elle se tient constamment dans des fourrés, où il ne pénètre qu'en faisant du bruit causé par l'écartement des branches, et où il lui est toujours difficile de se servir de son arme avec promptitude.

Il y a deux manières pour le tendeur de prendre la Gélinotte : l'une, qui est licite, consiste en une raquette ordinaire faite avec un brin de coudrier, non détaché du sol. On perce l'extrémité supérieure de ce coudrier, on y passe une ficelle ou une tresse de crins, on le plie jusqu'à terre, on le retient au sol, et on tend le rejet en écartant avec soin la ficelle ou la tresse. On prépare le passage de façon à ce que la Gélinotte arrive

facilement au rejet. En le faisant sauter, la
corde ou tresse se retire grâce à l'élasticité
donnée par le coudrier, et la bête est prise par
les pattes. En se débattant, elle arrache le
coudrier du sol ; celui-ci reprend sa position
primitive, entraînant avec lui sa victime et la
mettant ainsi à l'abri des fauves, des rongeurs
et même des oiseaux de proie, car il faut dis-
poser son piège de manière à ce que l'extrémité du coudrier employé soit abrité par des
coudriers plus élevés et touffus. Grâce à ce
procédé ingénieux et fort simple, on prend outre
l'espèce de Tétras que nous venons de nommer
la Bécasse, la Perdrix, la Grive, le Merle, quelquefois des Ramiers, des oiseaux de proie tels
qu'Éperviers et Émérillons, quelquefois même
des Écureuils et des Hérissons. Ce genre de
lacs n'est toutefois permis que lorsqu'il est tendu
en vue de prendre les petits oiseaux, le Merle
et la Grive.

Les autres méthodes, employées par les colleteurs pour prendre les Gélinottes, les Bécasses
et les Perdrix, consistent à faire de petites allées
soigneusement appropriées courant en lignes
sinueuses dans des taillis de deux à trois ans et
ayant une largeur moyenne de cinquante centimètres. Dans ces allées et de cinq mètres en cinq
mètres on dispose sur leur axe une tresse de

crins solide, de forme sphérique et d'un diamètre de dix centimètres ; à droite et à gauche de la tresse, verticalement suspendue à deux ou trois centimètres du sol, on barre le passage avec de petits bois entrecroisés. Le gibier, une fois engagé dans un de ces sentiers merveilleusement aménagés pour atteindre leur but, est obligé de passer par la tresse de crins ; son col s'y engage, laissant en arrière ses ailes. En faisant des efforts pour traverser l'engin, celui-ci se resserre et l'étrangle.

Une autre méthode plus simple pour atteindre le même gibier consiste à percer un trou à la partie supérieure d'un coudrier et à hauteur d'homme, à passer un lacet dans ce trou en lui donnant comme plus haut la forme sphérique, à abaisser ce coudrier jusqu'à deux centimètres du sol, et à le retenir dans cette position à l'aide d'un crochet de bois enfoncé en terre. Cet engin se tend dans de petits passages ouverts en écartant avec la main les grandes herbes.

Comme plus haut, le gibier se prend par le col en cherchant à traverser le rond en crins qui occupe toute la largeur du passage, il s'étrangle, et, en se débattant, il arrache le crochet retenant le coudrier au sol. Celui-ci, grâce à son élasticité, reprend sa forme primitive, entraînant sa victime à son extrémité et la mettant ainsi à l'abri des carnivores de nos forêts.

Pour le braconnier intelligent et qui cherche à réussir sans dépeupler, le seul moment pour prendre la Gélinotte est le mois d'août. Placer des collets avant ou après cette époque, c'est s'exposer à détruire ou des couples sans famille, ou de jeunes Gélinottes qui n'ont pas encore atteint leur développement, et sont par conséquent sans valeur vénale. Le succès d'un tendeur à l'époque que nous venons d'indiquer, succès que nous avons fait connaître plus haut, est une preuve de ce que nous avançons.

LA BÉCASSE

La *Bécasse,* d'une chaire très-appréciée des
gourmets, surtout lorsque pendue au garde-
manger pendant huit ou dix jours elle a acquis un
fumet *sui generis,* est un oiseau migrateur. A part
quelques exceptions, elle apparait à la fin de
février et au commencement de mars, s'accouple
aux premières brises tièdes qui suivent son
retour, et fait son nid dans notre région.

Elle ne se montre qu'à la tombée du jour. A
ce moment elle sort de la touffe de coudrier, où
elle a cherché un gîte, pour voltiger dans la forêt,
et principalement dans les taillis d'un an à douze
ans. Son vol est muet, si le temps est froid ou
s'il fait un vent rappelant l'hiver; il est accom-
pagné d'un cri très-perçant, que le chasseur
entend à plusieurs centaines de mètres, si le
temps est calme et si le vent indique une tem-

pérature s'abaissant dans le sens de la chaleur; un cri tout particulier, quelque peu caverneux, quoique s'entendant d'assez loin, qu'en langage cynégétique on appelle *crouquer,* accompagne le vol de cet oiseau, lorsque le temps est tiède, ou que, sous cette influence climatérique, il tombe quelques gouttes ou quelques ondées. Ces pérégrinations demi-nocturnes, qui se font à quelques mètres au-dessus du sol, ont pour objectif l'accouplement. Il est fini le 15 mars pour la Bécasse de petite taille, qu'on nomme *Martinète* en Normandie et en Picardie, et *Bécasse du Nord* dans les pays méridionaux; il ne se termine que vers le 15 avril pour le congénère de la grosse espèce, que dans le Midi de la France on appelle *Auvergnate.*

L'époque suivante est destinée à la ponte, puis à l'incubation. La Bécasse fait son nid dans les bois terreux et sur des pentes boisées la mettant à l'abri de l'invasion des eaux, notamment dans des troncs d'arbres et sous de solides racines de coudrier. Dans les bois à base calcaire, elle l'établit dans les crevasses de rochers ou sous les racines de coudriers émergeant de leurs fissures. Elle dépose dans son nid, fait assez grossièrement et sans grande précaution, de trois à cinq œufs. Du premier au quinze juin, la nichée s'envole et demeure dans son pays d'ori-

gine jusqu'à la fin d'octobre ou le commencement
de novembre, c'est-à-dire jusqu'aux premiers
froids. A cette époque, elle le quitte pour devenir
l'hôte de parages plus tempérés.

Le chasseur, qui recherche la Bécasse, a trois
moments favorables pour l'atteindre : tout le
mois de mars, à la naissance de la nuit, il la voit
circuler dans les coupes fraîchement faites, dans
les taillis de quelques années ou dans les clairières des forêts. Dans la première quinzaine
d'avril, mais dans certains départements seulement, notamment dans les Vosges, il a été longtemps permis de la requêter au bois avec un chien
d'arrêt. En octobre, on l'attend de grand matin
sur la rive de la forêt, lorsqu'après avoir cherché
sa nourriture pendant la nuit elle va retrouver
les couverts où elle s'abrite le jour.

Il a été observé que chaque année les Bécasses avaient un lieu de prédilection pour passage, et que là où elles apparaissaient pour la
première fois, elles s'y remontraient presque
chaque soir. Nous avons connu un habile pra-
ticien qui expérimenta le fait, et parvint ainsi à
abattre seize de ces oiseaux dans le même mois.
Avis aux chasseurs pour le choix de leur place.

Il a été encore observé par Polet de Fave…
que, comme le Lièvre, la Bécasse rompait sa
piste en revenant s'abattre à son point de départ;

que c'était là un signe d'intelligence de la part
de ce volatile. Pour notre part, nous nous per-
mettrons de mettre en doute une pareille inter-
prétation, la Bécasse étant, il est vrai, vigilante
pendant qu'elle circule, mais se montrant niaise
pour devenir la proie du colleteur.

Le tir de la Bécasse est généralement difficile
précisément à raison du moment où elle se
montre. Mais cette difficulté augmente sensiblement si le temps est froid ou s'il fait du vent;
en pareil cas, le vol de cet oiseau est aussi irré-
gulier que rapide, et il n'est annoncé par aucun
cri. Lorsque souffle un vent chaud ou que par un
ciel nuageux il tombe quelques gouttes d'eau,
comme il arrive parfois dans la deuxième quinzaine de mars, la Bécasse quitte plus tôt sa retraite
pour venir voltiger dans les taillis et les clairières. Son vol rappelle alors celui de la chauve-
souris sans en avoir la rapidité. Ce moment est
le plus favorable au tireur.

On a beaucoup cherché à connaître la nourriture de la Bécasse, et à ce sujet il a été écrit
les choses les plus fantaisistes. Sans perdre de
temps à les analyser, nous dirons, d'après la
version la plus accréditée, que cet oiseau vit
surtout de vers, ce qui expliquerait pourquoi
l'empreinte de ses pattes se remarque sur les
terres fraîchement remuées, et en général sur

les sols humides. Son vol lourd, dù à sa conformation, ne lui permet guère de chasser l'insecte ;
la dimension de son bec ne peut le faire classer
parmi les granivores ; à cause du peu de dureté
de ce bec, il ne peut percer l'écorce des arbres
pour y prendre les insectes qui se logent entre
elle et l'aubier, comme le font le Pivert et le Citel-
Torchepot par exemple ; il ne peut donc l'enfoncer
que dans les terres grasses, à la recherche des
vers qui s'y tiennent, et les petits trous, qui se
voient sur les parois de ce bec, semblent destinés
par le Créateur à permettre à cet oiseau d'ab-
sorber par l'effet de la respiration les parties
limoneuses de ces terres. Ce qui donne quelque
crédit à ces explications, c'est qu'on trouve
souvent la Bécasse sur les bords des étangs,
près des sources d'eaux tièdes et des fonds
vaseux qui environnent les mares des forêts.

Les colleteurs prennent assez facilement la
Bécasse à l'aide des trois pièges dont ils se
servent pour la Gélinotte et la Perdrix. C'est à
eux et non aux chasseurs qu'il faut attribuer la
rareté de ce gibier. Les sentiers sinueux, ouverts
à quelques mètres des rives et barrés de distance en
distance par de petits bois entrecroisés, au centre
desquels est suspendu un lacet de crins, tel est
le piège qui donne le plus de résultats à celui
dont Polet de Faveaux a fait ce portrait fidèle :

7

« Trop lâche, trop paresseux pour chercher à
« gagner honorablement sa vie ; s'inquiétant
« peu de sa femme et de ses enfants, qu'il laisse
« périr de misère ; ne vivant lui-même que du
« fruit de ses rapines ; la nuit au bois, le jour
« au cabaret ; terreur de ses voisins, fléau de
« sa famille......, tel est le braconnier. Après
« cela, jetez un coup d'œil sur la statistique des
« Tribunaux, et voyez quel est sa part dans
« toutes les espèces de délits ou de crimes :
« menaces, outrages, rébellions, dévastations,
« incendies, vols, meurtres, assassinats, etc... »
(*Le Chasseur à la Bécasse*, f⁰ 172, nouvelle
édition, Auguste Goin, éditeur).

PETITS OISEAUX

L'étude du gibier de notre région demande à être complétée par celle des différents oiseaux qui vivent dans nos forêts ou qui les traversent en automne, dont le plus grand nombre est recherché des tables les plus opulentes, et dont quelques-uns, comme le Ramier, sont poursuivis avec acharnement par le chasseur. Commençons par ceux qu'on désigne habituellement sous le nom générique de *Petits Oiseaux*, et qu'on prend à l'aide de tendues ou tenderies établies, les unes par plaisir et par gourmandise, les autres par esprit de lucre.

Ces tendues sont rendues licites par des arrêtés préfectoraux, qui varient, on peut le dire, dans chaque département. Dans l'ancienne Moselle par exemple, elles n'étaient autorisées que dans les bois des particuliers ; dans Meurthe-et-

Moselle, elles étaient permises dans les forêts domaniales et communales à la suite d'une adjudication indépendante du droit de chasse; dans les Vosges, ces tendues ou tenderies font partie de ce droit. Elles commencent du 1er au 10 septembre pour finir le 1er novembre, et se font à l'aide de raquettes debout ou renversées placées le long des rives, des sentiers et clairières des forêts, ou éparpillées au milieu de celles-ci. D'après les tendeurs les plus compétents, les raquettes éparpillées, surtout dans les taillis de dix ans, sont préférables. On évite ainsi le pillage qui se commet trop fréquemment dans les lignes ouvertes.

La raquette, appelée communément *Sauterelle,* consiste dans un brin de noisetier ou de cornouiller d'une hauteur moyenne de deux mètres. On arrondit ce coudrier à l'aide du genou; à l'une de ses extrémités on fait une entaille, à l'autre extrémité un trou sphérique avec une petite tarière connue vulgairement sous le nom de vrille. Dans ce trou on passe une ficelle double reliée en son milieu par un nœud. La raquette repose sur le sol à l'aide d'un tuteur qui y est planté verticalement. Assujettie de cette façon, on tire la corde jusqu'au nœud, et on la retient dans cette position avec un petit brin de bois de dix à quinze centimètres de longueur, légèrement aminci à l'une de ses extrémités et pourvu d'entailles à l'autre. Le brin de bois ainsi retenu, on y étend la ficelle. L'oiseau, en s'y posant, le fait incliner par son propre poids, puis partir, et, grâce à l'élasticité de la raquette, la ficelle se retire et entraîne avec elle sa victime, qui est suspendue par les pattes, attendant dans cette situation la main du tendeur qui devient son bourreau.

La raquette, ainsi faite, se tend encore dans le sens inverse, c'est-à-dire que le piège, au lieu d'être à soixante centimètres au-dessus du sol, en est à peine à deux centimètres. Ces sortes de raquettes, destinées à prendre surtout les Grives, les Merles, les Geais, nécessitent un coudrier d'un diamètre plus fort et d'une hauteur plus grande. Quelques tendeurs même ne détachent pas le coudrier du sol et l'y retiennent en y enfonçant l'extrémité supérieure légèrement amincie. De semblables raquettes demandent aussi une ficelle plus largement étendue sur le brin de bois servant de piège.

Pour l'intérieur du bois, les taillis de dix ans amènent les meilleurs résultats, ceux-ci étant fréquentés par tous les oiseaux. Les rives, les chemins ouverts, les lignes délimitatives, tout en attirant les oiseaux, ont le grave inconvénient d'être trop exposés aux regards et aux tentations

des promeneurs, qui les visitent sous mille pré-
textes et s'emparent des petites bêtes prises
lorsqu'ils peuvent éviter la présence du tendeur.
Le moyen, indiqué pour éviter ce pillage, est
d'établir des raquettes au milieu des taillis très
irrégulièrement et sans y ouvrir de sentiers.
Mais le succès dépend de la façon intelligente
dont ces pièges sont disposés. Placez-les au pied
des coudriers les plus élevés, un habile tendeur
ayant remarqué que les oiseaux s'y perchent
plus volontiers, et ayant ainsi obtenu plus de
résultats avec moins de raquettes. De cette façon
encore, les victimes sont moins exposées aux
convoitises des rôdeurs de forêts, aux carnassiers,
aux oiseaux de proie, et même aux rongeurs.
On peut encore les dissimuler à une si grande
masse d'ennemis en se servant de raquettes faites
avec des coudriers non détachés du sol. L'oiseau
pris, en se débattant, rend à ces pièges leur
position primitive.

Quels sont les oiseaux qu'on prend habituellement aux diverses raquettes que nous venons
de décrire ? Nous allons les faire connaître ainsi
que les époques où ils apparaissent, ces oiseaux
étant presque tous migrateurs :

Le *Rossignol,* le *Traquet de haies,* la *Fauvette,* dont il ne reste que l'arrière-garde à l'ouverture de la petite chasse, se prennent du 1er au

10 septembre. Il y a quatre espèces de Fauvettes :
la Fauvette criarde, la Fauvette de jardin, la
Fauvette de haies, la Fauvette à tête noire. Cette
dernière ne quitte la région de l'Est que vers le
15 octobre ;

Le *Rouge-queue,* qui se tient presque exclu-
sivement sur les rives des bois, émigre du 10
au 25 septembre ;

Le *Rouge-gorge,* ce charmant oiseau qui aime
la société de l'homme, et qui s'en rapproche s'il
entend sa voix ou s'il apeçoit à travers le fourré
qui est sa demeure de la fumée qui révèle sa
présence, se jette en troupes dans nos taillis de
dix ans du 1er au 20 octobre, et a totalement
disparu pour le 1er novembre.

Le *Friquet,* Pinson de petite taille et appelé
vulgairement pour ce motif *Pinsonnet,* apparaît
en troupes vers le 15 octobre et ne nous reste
que quelques jours. Il fréquente de préférence
les lisières des forêts.

Il est suivi de près par le Pinson des Ardennes,
qui se montre au moment de la chûte des feuilles.
Le 25 octobre est la date normale de son émi-
gration. C'est un charmant oiseau par son plumage. L'épaisseur de son bec n'a pu le faire
classer parmi les becs fins, et cependant sa chair
est fine et savoureuse.

Au Pinson des Ardennes succèdent le Bou-

vreuil et le Tarin à tête jaune, vulgairement
appelé *Terin*. Leur passage s'effectue du 1er au
15 novembre. C'est l'arrière-garde des petits
oiseaux migrateurs.

Parmi ceux-ci il doit être fait mention de la
Mésange, grande famille qui se trouve partout,
mais principalement dans la région des sapins.
Parmi les différentes espèces de cette famille,
quelques-unes émigrent au moment des froids,
comme la *Mésange tête de feu*, la *Mésange
couronnée* ou *Roitelet des sapins* et la *Mésange
huppée*. D'autres espèces sont indigènes; elles
se nomment *Grande Charbonnière*, *Petite Charbonnière*, *Mésange à tête bleue*, *Mésange à
longue queue* ou *Meunière* et *Nonnette*. Toutes
sont facilement victimes des tendeurs, et les cris
perçants qu'elles font entendre attirent les petits
habitants de nos bois, qui souvent, en sautillant
de branche en branche, viennent se poser sur
le piège des raquettes et se prennent à côté des
malheureuses dont elles vont partager le sort.

Le tendeur doit avoir l'intelligence de son
métier : s'il établit ses raquettes pendant une
année sèche, qu'il les multiplie dans les vallons,
surtout dans ceux arrosés et à proximité des
cours d'eau; si, au contraire, l'année est humide,
il fera bonne prise sur les plateaux.

Outre les oiseaux que nous venons d'énumérer,

les tendeurs détachent encore de leurs raquettes,
que celles-ci soient droites ou renversées, la
Grive, le Merle, le Geai, quelquefois même des
oiseaux de proie.

———————

LA GRIVE

On connaît dans la région de l'Est quatre espèces de Grives : la Draine ou Haute-Grive, espèce indigène; la Grive Musicienne; la Mauvie ou Grive de Montagne, et la Litorne ou Grive Allemande, ces trois dernières espèces oiseaux de passage.

La *Draine* aime les haies et les broussailles. Pour la prendre, tendez-y un lacet à un mètre soixante centimètres du sol, semblable à celui en crins qui se place dans les taillis de deux à trois ans pour y attirer la Perdrix. Amorcez cet engin avec des graines de raisins, des baies d'alises ou d'asperges, et surtout de ces dernières dont elles sont friandes, vous êtes à peu près certain du succès. La Draine, qu'il est difficile d'approcher, fait son nid sans aucune précaution sur les gros chênes, tantôt entre des branches fourchues, tantôt à l'extrémité de ces branches. Elle y pond six à sept œufs. L'éclosion en est tardive. Elle vit en troupes et cherche sa nourriture, en automne dans les prairies basses, en hiver autour des habitations, et surtout sur les sorbiers-oiseleurs. Toujours grasse, sa chair est très-appréciée.

La *Grive Musicienne* ne fréquente que les forêts. Elle est par son ramage l'un de ses habitants les plus aimables. Émigrant de bonne heure, elle regagne de bonne heure aussi sa demeure de printemps et d'été. C'est elle que poursuit le chasseur en mars, lorsqu'il va affûter la Bécasse dont elle est la compagne pour le départ comme pour le retour. Généralement, il est facile d'approcher les oiseaux au moment où ils font entendre leurs chants ; c'est même le seul moyen connu d'arriver au pied de l'arbre dont le coq de bruyère occupe la cîme. Il n'en est pas de même de la Grive Musicienne : à la tombée du jour, elle ne cesse pas de chanter, et cependant elle ne perd rien de sa vigilance ; il est rare de la surprendre et de pouvoir la tirer à portée.

La *Mauvie* ou *Grive de Montagne* est aussi un hôte de nos bois qui les quitte dans la première quinzaine d'octobre pour nous revenir dans la première quinzaine d'avril. C'est l'espèce la plus nombreuse.

La *Litorne* ou *Grive Allemande* nous arrive au moment de la maturité du raisin, en tous cas vers le 15 octobre. Elle est un peu plus petite que la Mauvie, et, tout en ayant un plumage semblable à celui de ses congénères, elle est facilement reconnaissable par le dessous de ses ailes qui est d'un jaune orangé.

La Grive Musicienne et la Mauvie, loin de suivre l'exemple de la Draine, font leurs nids avec beaucoup de soin de un à trois mètres du sol. Leur intérieur, tapissé de boue, semble maçonné tant la surface en est polie. Elles y déposent quatre à cinq œufs. L'éclosion des œufs de la Grive Musicienne précède celle des œufs de la Mauvie, la première préparant son nid avant même la naissance des bourgeons.

Le lacet, destiné à prendre les Grives, est le même que pour la Draine. Il doit être placé à la même hauteur dans des bois de quinze à vingt ans, sur des hauteurs plutôt que dans des fonds, au sud de préférence au nord, et autant que possible à proximité des vignes et des cours d'eau. Il convient de l'amorcer avec des graines de raisins, d'alises ou d'asperges.

LE MERLE

Ce même lacet s'emploie encore pour prendre les Merles en se servant des mêmes amorces ; il est seulement nécessaire de le tendre sur des coudriers de saule-marceau, cet oiseau recherchant les baies de cet arbuste. Au reste, le Merle fréquente les mêmes parages que la Grive et a les mêmes mœurs.

Le Merle, qui est un des plus gais chanteurs de nos bois, se divise en : *Merle gris*, dont l'espèce est la plus commune ; *Merle cadran*, dont le plumage est uniformément noir ; *Merle espionneur*, qui ressemble au précédent, mais qui est plus petit de taille ; *Merle à bec jaune*, celui qui est le plus susceptible d'une éducation privée ; enfin, *Merle plastron*, le plus remarquable de tous par son plumage. Les quatre premières espèces sont indigènes et ne quittent nos bois pendant l'hiver que pour élire domicile dans les bosquets avoisinant les habitations ; la cinquième espèce est de passage, elle apparait vers le 15 octobre.

Le Merle est un des constructeurs les plus sots de nos forêts : il fait son nid à un mètre au-dessus du sol, l'organise avec de la mousse et des herbages, et le place habituellement dans des coudriers abattus. Il y dépose de quatre à cinq œufs qui le plus souvent n'éclosent pas, le nid devenant la proie du bûcheron chargé de façonner ces coudriers. Une telle imprévoyance étonne de la part d'un oiseau méfiant, et que le chasseur n'approche que difficilement.

LE GEAI

Le *Geai,* grossier de forme, d'un plumage
terne, à l'exception de ses ailes, se prend aussi
aux raquettes. Tout à la fois granivore et carnivore, il se constitue l'un des suppléants du
tendeur. Attiré par les cris des oiseaux sus-
pendus par les pattes, et notamment par ceux
de la Mésange, on le voit suivre les sentiers
garnis de pièges et s'attabler devant celui qui
a une victime. Son repas fini, tout joyeux de
sa facile conquête, il continue à suivre les lignes
tendues, et finit par se percher sur l'une des
raquettes de celles-ci. Sa suspension par les
pattes est bientôt annoncée à tous les échos
de la forêt par des cris perçants qui durent
quelquefois une heure, et qui font d'autres victimes en attirant les oiseaux des alentours. En
détachant le Geai du piège, faites-lui fermer le

bec en lui présentant un objet quelconque à serrer ; autrement, vous risqueriez fort de crier à votre tour en sentant l'étreinte de ce bec tout à la fois solide et pénétrant.

Il y a dans la région de l'Est deux espèces de Geais : semblables par le plumage et par le cri, elles ne diffèrent que par la taille. La plus grosse espèce est indigène, la plus petite émigre. Celle-ci passe vers le 15 septembre par troupe de huit à dix, volant l'un à la suite de l'autre et laissant entre chacun d'eux un espace de plusieurs mètres. Le gros Geai est coriace et ne peut guère, de même que le Corbeau, servir qu'au pot-au-feu du pauvre ; le petit Geai, sans être un mets recherché, est très-supportable en salmis.

Le Geai se nourrit non-seulement de grains et d'oiseaux, mais aussi de souris et de larves d'insectes. Il est parfois utile au chasseur : lorsque des chiens courants mettent un fauve sur pied, le Geai indique par ses cris la direction qu'il prend, ces cris étant provoqués par le dérangement, probablement désagréable, que lui cause le passage du gibier.

LE RAMIER

Le *Ramier,* de la grosseur d'une petite poule, d'une chair recherchée des gourmets, arrive dans l'Est au moment des semailles du printemps et quitte notre région après celles de l'automne. Comme granivore, il est un des ennemis du laboureur. Quoique ses mœurs soient bien connues, il est rare de l'affûter avec succès : il quitte de bonne heure son hêtre touffu et sa place admirablement choisie au point de croisement de deux branches pour empêcher le chasseur de le découvrir, et va dans la campagne chercher sa nourriture tantôt en couples, tantôt en bandes; de là, il vole au ruisseau ou à la mare pour s'y abreuver, et revient se percher près de sa compagne si elle prépare son nid, pond ses œufs ou soigne sa couvée; près de ses congénères, si ses fils ingrats ont déjà fait fi de sa puissance

7*

paternelle. Vers deux heures de l'après-dînée, il quitte de nouveau sa branche, va graineter dans la plaine, retourne à son trou d'eau, et revient entre quatre et cinq heures prendre ses quartiers de nuit. Il choisit de préférence les endroits les plus épais de la forêt et les hêtres où les branches fourmillent. Sa présence sur ces arbres s'accuse par les déjections qui se voient au pied, et aussi par les enveloppes de faînes qui gisent sur le sol, fruit qu'il recherche autant que le grain. Son abord difficile tient à la finesse de son ouïe et à la vivacité de son regard, qui ne le mettent en défaut qu'au temps des amours. A part ce moment qui devance l'ouverture de la chasse, vous ne verrez jamais le Ramier se poser sur un arbre à son retour de plaine : tout d'abord, il éprouve le besoin de tournoyer autour de la forêt qui lui sert de demeure comme pour l'inspecter, et il ne reprend son perchoir que lorsqu'il se croit sûr de l'absence de tous ennemis.

Il se prend quelquefois aux pièges tendus pour la Gélinotte, la Bécasse et la Perdrix. Un cours d'eau est l'endroit le mieux choisi pour y placer ces pièges. On l'affûte de trois heures et demie à cinq heures du soir en se plaçant contre un gros arbre voisin d'une mare, où l'on remarque l'empreinte de ses pattes. Dans le Midi, on le prend avec des pincettes de bois sur lesquels il vient se poser comme sur un perchoir. Ces pincettes sont tenues par le chasseur relégué dans une baraque de feuillage. Lorsque l'oiseau y arrive, on rapproche par un mouvement imperceptible les deux branches des pincettes, et on retire celles-ci avec leur victime dans la loge de coudrier. Cette chasse, qu'on nous a assuré être fructueuse, se fait à pareil moment que l'affût sur la mare.

Cet oiseau, tout à la fois si sauvage et si vigilant, qui sait si bien se mettre à l'abri des atteintes du chasseur, montre parfois une confiance qui le rapproche de la domesticité : s'il a élu domicile sur quelque gros arbre d'un parc, s'il y a son nid, s'il y a élevé sa famille sans avoir essuyé les coups de feu du châtelain ou les vexations du maraudeur, vous le voyez quitter sa branche et venir prendre sa part des grains distribués aux pigeons domestiques et aux volailles de la ferme. Cette confiance est plus grande encore chez les Ramiers qui habitent les marronniers des Tuileries : qui ne les a pas vus se promener sur le gazon des pelouses à quelques pas des flâneurs parisiens ?

Disons en terminant que le Ramier fait son nid avec quarante brins de bois entrelacés, sans que les intervalles qui les séparent soient garnis de crins, de duvet ou de mousse. Il y dépose deux œufs qui éclosent dans les premiers jours de mai. Cette époque hâtive de la naissance est une preuve de plus que le Ramier est un des premiers émigrants qui nous reviennent.

LA TOURTERELLE

Nous ne pouvons parler du Ramier sans consacrer quelques lignes à la *Tourterelle,* autre pigeon sauvage plus petit de taille, mais d'une chair aussi délicate. Quoique étant de la même famille, la Tourterelle a des habitudes différentes : elle passe presque tout le jour dans la plaine, cherchant dans les sillons garnis de leurs récoltes ou moissonnés les grains· dont elle se nourrit. Lorsqu'elle a pourvu à ses besoins, si le soleil est trop ardent, elle se dérobe à ses rayons en s'abattant dans des champs de pommes de terre. Lorsque l'homme ou le chien d'arrêt l'oblige à quitter soit le sillon où elle glane, soit celui où elle s'abrite, elle regagne la forêt ; et, au lieu de rechercher comme le Ramier les arbres les plus gros, les plus touffus et les plus retirés, elle choisit ceux qui bordent les rives et se perche sur leurs branches dénudées.

On tire la Tourterelle lorsqu'elle se lève de plaine ou lorsqu'elle se pose dans la forêt. On l'affûte encore comme le Ramier à proximité d'un cours d'eau ou d'une mare.

Outre la raquette droite ou renversée, outre le lacet tendu à hauteur d'homme, il existe un autre moyen de prendre les petits oiseaux. Ce moyen, qui est formellement interdit, est *la pipée*. Son emploi demande une grande intelligence et une grande habileté, intelligence pour le choix de l'emplacement, habileté pour y attirer les oiseaux. Le tendeur doit chercher trois chênes de grosseur moyenne formant un triangle. Toutes les petites branches de ces arbres doivent être coupées, et sur les branches restantes il est nécessaire de faire des entailles pour y introduire et y placer obliquement de petites baguettes d'orme de la grosseur d'un tuyau de paille de blé appelé *vergettes* et imbibées de glu sur la moitié de leur hauteur. Les petites branches supprimées servent à élever autour des trois arbres une barrière de quinze à vingt centimètres de hauteur. A l'aide des coudriers se trouvant au centre des trois chênes et avec d'autres brins si les coudriers sont insuffisants, on dispose une tonnelle en feuillage où se logent les pipeurs. Cette loge est elle-même garnie de vergettes. Au moment où le merle se tait, c'est-à-dire à la tombée du jour, l'un des pipeurs *froue* avec une feuille de lierre disposée en cornet et percée à sa partie supérieure d'un petit trou sphérique. L'autre pipeur lui succède pour imiter avec une feuille de troène les divers cris du Hibou. Aussitôt accourent effarés de tous les coins de la forêt Mésanges, Rouges-Queue, Rouges-Gorge, Grives, Merles et Geais. Ceux-ci, sautillant de branche en branche, s'accrochent aux vergettes imbibées de glu, les uns par les ailes, les autres par le ventre, d'autres par les pattes, et, en se débattant, ils tombent dans l'enceinte, sans pouvoir franchir avec leur piège la barrière de brindilles préalablement préparée. Les pipeurs cessent la nuit venue, c'est-à-dire après dix minutes ; ils sortent de leur prison de feuillage, et s'occupent à ramasser à tâtons leurs nombreuses victimes. Pendant les quelques instants que dure cette chasse illicite, il y a une moisson à faire si le temps est calmé et quelque peu tiède. L'époque à préférer est la fin de septembre : avant, les passages se font à peine ; après, les feuilles ont déjà commencé à tomber, et il serait difficile de préparer une baraque de feuillage assez touffue pour y loger les pipeurs et les curieux. Gare aux canards des instrumentistes ! Un cri mal sorti du lierre ou de la troène serait de nature à compromettre le succès de la campagne.

Nous avons dit plus haut que les oiseaux, attirés surtout par les cris du Hibou, arrivaient tout tremblants et indiquaient leur frayeur par les mouvements de leurs ailes et leur singulière manière d'ouvrir leur bec. Il faut en conclure que l'oiseau diurne éprouve une vive répulsion pour son congénère nocturne, et que, en arrivant ainsi en masse au point même d'où part le cri, l'instinct lui dit qu'il en viendra facilement le maître. N'est-ce pas ce que nous pouvons quelquefois observer en octobre lorsqu'une Buse ou un Émérillon cherche sa proie dans la plaine? S'il survient un passage d'Alouettes, celles-ci vont sus au carnivore et ne craignent pas de l'entourer. N'est-ce pas encore ce même instinct qui dirige les Oiseaux-Mouches, lorsque dans la Cordillère des Andes ils se précipitent en grand nombre sur l'Aigle, le Condor ou le Vautour, et finissent par l'abattre en le frappant de leurs becs sous les ailes?

La pipée, qui est une chasse d'artiste, indemnise largement par ses résultats des préparatifs qu'elle occasionne. La plus grande difficulté de l'exécution est la science des instrumentistes.

Une autre tenderie peu connue, autrefois licite et aujourd'hui défendue, encore innommée et qu'on pourrait appeler *la Gluée*, amenait de grands succès. Elle s'organisait dans une vallée resserrée par des collines boisées. Elle nécessitait la présence d'un filet d'eau qu'on faisait disparaître sous un amas de feuillage. De cinq en cinq mètres on ménageait de petits emplacements carrés ou rectangulaires, et sur des cadres de bois on disposait en damiers des vergettes de glu en tous points semblables à celles employées pour la pipée. L'oiseau, n'ayant que ces petits carrés pour boire à son lever et après son repas du soir, restait attaché par les pattes aux vergettes. Par ce procédé, moins cruel que la raquette, on obtenait des résultats aussi certains avec moins de pièges et moins de surface, et par conséquent avec moins de peine pour le tendeur. On comprend de suite que ce genre de petite chasse exigeait une grande sécheresse et ne pouvait se pratiquer que dans la premiere quinzaine de septembre, au moment où les rosées sont peu abondantes et où les bois ont leurs oiseaux indigènes. A la tombée du jour surtout, le tendeur trouvait sur ses damiers des Grives, des Merles, des Rouges-Gorge, des Rouges-Queue, des Fauvettes et quelques Rossignols retardataires. Il repartait le soir avec ses vergettes enfermées dans un cuir et les replaçait le lendemain avant le lever du soleil.

LES OISEAUX DE PROIE

Notre sujet nous ayant amené à faire connaître les divers moyens employés pour la destruction des petits oiseaux, il nous semble nécessaire d'indiquer sommairement quels sont dans nos forêts les oiseaux destructeurs que le Créateur y a placés. Car, parmi les carnivores, il n'y a pas seulement des fauves comme le Loup, le Renard, le Chat sauvage, l'Écureuil et la Belette, il y a encore bon nombre d'oiseaux qui font concurrence au tendeur et suivent avant lui les lignes de pièges. Citons :

La *Buse commune,* d'un brun noir ;

Une autre Buse, d'un plumage roux noir ;

La *Buse bondrée,* d'un brun teinté de jaune ;

La *Busarde,* ou Aigle des Vosges, au dos et au ventre gris chiné. Cette espèce a été dans l'Est vue pour la première fois il y a trente ans ;

L'*Émérillon,* au dos verdâtre et au ventre gris chiné ;

Le *Tiercelet,* plus petit de taille que ses congénères, mais plus carnivore. Il a le dos brun et le ventre blanc et gris ;

La *Pie,* la *Pie-Grièche,* l'*Écorcheur,* les différentes espèces de *Corbeaux,* le *Geai* et le *Coucou.* Ce dernier mérite cette classification parce qu'il mange les œufs des petits oiseaux, et de préférence ceux des Fauvettes ; il présente encore cette particularité qu'après avoir dévalisé les nids des autres, il y dépose son œuf et laisse à la mère, privée de sa ponte, le soin de l'éclosion et celui de l'éducation.

Les divers oiseaux que nous venons de nommer, quoique ayant les mêmes mœurs, diffèrent sensiblement au point de vue des endroits qu'ils choisissent pour y faire leurs nids et au point de vue de la multiplicité de leurs familles. Ainsi, la Buse et l'Émérillon, sans se donner la peine de se préparer une demeure, prennent possession de vieux nids construits pour le plus grand grand nombre par des Corbeaux ; le Tiercelet dépose sans soin ses œufs dans un trou d'arbre ; la Busarde choisit un fourré.

Ainsi encore, la Buse commune et celle d'un roux noir font de deux à quatre œufs, tandis que la Buse bondrée, la Busarde et le Tiercelet en font chacun six et l'Émérillon sept.

Tous ces oiseaux, excepté une des espèces du Geai, naissent dans notre région et y passent l'hiver. Ils sont toujours d'une grande maigreur et n'ont aucune valeur comme objet d'alimentation.

Pour cette dernière raison, le tendeur ne cherche pas à les prendre à ses pièges. Quelques uns cependant s'attrapent aux lacets destinés aux Gélinottes, Bécasses et Perdrix, et aussi aux raquettes lorsqu'ils les parcourent en quête de leur proie.

FIN

ERRATA

Page 14, ligne 17, *au lieu de :* du blé, *lisez :* de blé.
  — 23,   — 7,   —   diparait — disparait.
  — 61,   — 23,   —   les deux autres, *lisez :*
                           [les autres.
  — 63,   — 14, *au lieu de :* les levrauts sont, *lisez :* les
                           [levrauts ont été.
  — 68, ligne 25, *au lieu de :* naîtrait, *lisez :* naîtraient.
  — 69,   — 9, *lisez :* un bon tiens vaut mieux que
                           [deux tu l'auras.
  — 72, ligne 1, *au lieu de :* guettent, *lisez :* quètent.
  — 72,   — 8,   —   la récolte — sa récolte.
  — 88,   — 3,   —   commançant, *lisez :* com-
                           [mençant.
  — 89, ligne 21, *au lieu de :* deux, *lisez :* d'eux.
  — 92,   — 11,   —   du bois, *lisez :* de bois.
  — 94,   — 28,   —   toxide — toxique.
  — 97,   — 5, *lisez :* y était presqu'inconnu.
  —104,   — 13,   —   chiens d'arrêt.
  —142,   — 4, *au lieu de :* crouquer, *lisez :* crouler.
  —160,   — 9,   —   troupe,   —   troupes.
  —167,   — 20,   —   calmé,   —   calme.

TABLE DES MATIÈRES

BRIEY. — IMP. A VAPEUR E. BRANCHARD.

www.ingramcontent.com/pod-product-compliance
Lightning Source LLC
LaVergne TN
LVHW051104200726
843508LV00001B/427